外源CpTI基因在转基因苹果中的表达及特性

WAIYUAN *CpTI* JIYIN ZAI ZHUANJIYIN
PINGGUO ZHONG DE BIAODA JI TEXING

周瑞金　著

中国农业出版社
北京

图书在版编目（CIP）数据

外源 CpTI 基因在转基因苹果中的表达及特性／周瑞
金著．—北京：中国农业出版社，2023.9
ISBN 978-7-109-31192-3

Ⅰ．①外…　Ⅱ．①周…　Ⅲ．①苹果－转基因技术－研
究　Ⅳ．①S661.1

中国国家版本馆 CIP 数据核字（2023）第 192106 号

中国农业出版社出版
地址：北京市朝阳区麦子店街 18 号楼
邮编：100125
责任编辑：肖　杨
版式设计：王　晨　责任校对：吴丽婷
印刷：中农印务有限公司
版次：2023 年 9 月第 1 版
印次：2023 年 9 月北京第 1 次印刷
发行：新华书店北京发行所
开本：889mm×1194mm　1/32
印张：4
字数：107 千字
定价：38.00 元

前言
Preface

　　苹果是世界上最重要的果树树种之一。苹果转基因研究开始于1989年，随后相继有苹果砧木、品种基因转化成功报道，但研究多集中于基因转化，关于外源基因在转化植株中的表达、特性以及外源基因在转化系中的遗传规律等研究尚少，开展此方面研究将加速转基因苹果在生产中的应用和推广。

　　本试验以转豇豆胰蛋白酶抑制剂基因（*CpTI*）苹果（*Malus domestica* Borkh.）为试验材料（包括嘎拉、王林、乔纳金和富士60个株系），应用PCR、RT－PCR、荧光原位杂交、室内虫试等方法，研究了外源*CpTI*基因在苹果转化组培苗中DNA、RNA和蛋白等水平的表达；应用转基因花粉培养、果实蛋白毛细管区带电泳等方法，研究了转基因苹果花粉和果实的特性；通过杂交授粉试验，研究了外源基因在转基因苹果中的遗传规律；通过试管微嫁接方法，研究了标记基因在苹果砧穗间的传导性。主要研究结果如下：

　　（1）在60个常规继代培养6～8年的转*CpTI*基因苹果转化株系中均可检测出*CpTI*特异基因片断；除了2个转化株系在50mg/L卡那霉素浓度下出现花叶现象，表现缺乏卡那霉素抗性之外，其他株系在含相同浓度卡那霉素的培养基中生长正常。

　　（2）通过对FISH的相关技术参数研究，初步建立了苹果染色体制备和荧光原位杂交技术体系。以 *CpTI* 基因片断为探针，利用该体系在苹果细胞核上成功检出了荧光杂交信号，表明外源基因整合到了转基因苹果的基因组中。

（3）部分转 *CpTI* 基因苹果株系有较强的杀虫和抑虫作用。60 个转化株系中有 2 个株系虫试校正死亡率为 100%；28 个株系校正死亡率为正值，其中 11 个株系校正死亡率大于或等于 50%。经秩合检验分析，有 4 个转化株系的虫重与对照虫重相比差异显著，表明其有明显抑制幼虫生长发育的作用。

（4）喂食转 *CpTI* 基因苹果组培苗叶片的棉铃虫体内类胰凝乳蛋白酶活性变化结果表明：不同转基因株系对虫体内类胰凝乳蛋白酶活性的抑制作用存在差异，分别表现为抑制能力较强、较弱或没有抑制能力。其中有 9 个株系能显著抑制棉铃虫幼虫体内类胰凝乳蛋白酶活力，表明这些株系具有较好的抑制幼虫生长发育的作用。

（5）对 60 个转化株系苹果组培苗进行 RT - PCR 检测，结果表明转入的外源 *CpTI* 基因在 43 个株系中得到了较高水平的表达，在 17 个株系中表达强度低。外源基因在转化株系（嘎拉 32）中高效表达，经 RT - PCR 扩增，片段回收，克隆，测序，外源基因在转基因植株中核苷酸表达与 *Phaseolus vulgaris trypsin proteinase inhibitor gene* 和 *Tieganqing trypsin inhibitor gene* 有 100% 同源性，蛋白表达与 proteinase inhibitor - cowpea 有 100% 同源性。

（6）优化的适宜苹果叶片蛋白质毛细管电泳程序为：采用改良丙酮沉淀法提取蛋白质，电泳过程中温度为 25℃，电压为 20kV，3.3kPa 下进样 5s，电泳时间为 17min，检测波长在 280nm 处的蛋白质区带。电泳结果表明：与对照相比有

4 个嘎拉转化株系在第 7.65min 分别出现一条特异吸收峰带。

（7）转基因苹果花粉离体萌发率（24.47%）低于对照（62.05%），但转基因苹果花粉对卡那霉素的抗性高于对照。扫描电镜观察未发现外源基因的导入对苹果花粉粒形态、大小、纹饰等方面产生明显的影响。

（8）转基因嘎拉大部分果实中可以检测到 npt Ⅱ 酶活性，但不同果实中 npt Ⅱ 酶活性强度有差异，其中 npt Ⅱ 酶活性较强的占 71.43%，较弱的占 21.43%，检测不到的占 7.14%；果实蛋白毛细管区带电泳检测结果显示，转基因苹果嘎拉果实中蛋白种类少于对照。

（9）以嘎拉转化株系与未转化富士苹果进行杂交，对果实种胚培养并利用卡那霉素抗性和 PCR 检测外源基因存在状况，结果表明杂交实生后代外源基因分离比例为 1∶1，符合由一对显性基因控制遗传性状的分离定律，表明外源基因为显性基因，呈单点显性遗传。

（10）转基因组培苗微嫁接接穗以选用继代培养 30d 左右、带有 2～4 片叶片的新梢为宜；适当提高 BA 浓度有利于提高嫁接成活率，其中以 MS＋1.0mg/L BA＋0.05mg/L NAA 培养基中嫁接成活率最高，达 83.3%。以转基因嘎拉、王林、乔纳金和富士作为接穗的研究结果表明，不同品种之间嫁接成活率差异不显著。外源 npt Ⅱ 基因只在转化植株体内表达，未通过微嫁接在砧穗间产生基因效应。

著　者

2023 年 1 月

目 录
Contents

前言

第一章 引 言

1 苹果遗传转化研究

苹果为世界四大水果之一，是我国的第一大水果，种植面积和产量均占世界的 50％以上。苹果在国民经济中占有重要地位，据统计，2020 年我国苹果种植面积超过 3 000 万亩*，在全国果品中占比 16.28％；产量达 4 100 万吨，在全国果品中占比 15％。近年来，随着社会的发展和进步，培育优质多抗的苹果新品种成为民众的迫切要求。但是，由于果树育种周期长、遗传背景复杂，传统的杂交育种方式很难选育出集各种优良品质于一身的品种。基因工程的发展可以为苹果品种的遗传改良提供新的技术方法，拓宽基因源，突破种间界限，能从动植物及微生物中分离各种功能基因用于遗传改良，缩短育种周期，提高育种效率，为苹果遗传育种研究、利用各种遗传种质资源开辟一条新的技术途径，不但可以节省大量人力和时间，而且有望实现定向育种，在果树育种工作中展现出良好的前景。

1.1 苹果遗传转化研究主要进展

1988 年首例转基因果树——核桃诞生[1]，随后，1989 年 James 等采用农杆菌介导的叶盘共培养法获得了转基因绿袖（Greensleeves）苹果[2]，导入的外源基因是报告基因新霉素磷酸转移酶基因（npt Ⅱ）和胭脂碱合成酶基因（nos）。1992 年程

---

* 亩为非法定计量单位，15 亩＝1 公顷。——编者注

家胜等在国内报道了获得转基因的苹果试管苗[3]，与 James 等一样，用绿袖作为受体植株，采用农杆菌介导法，不同的是抗卡那霉素的标记基因为氨基葡糖磷酸转移酶基因，报道基因为葡萄糖苷酸酶基因（GUS）。随着转基因技术的发展，用于苹果遗传转化研究的受体基因型越来越多，除了绿袖[2,3]，主要还有红元帅（Red Delicious）[4]、新乔纳金[5]、嘎拉（Gala）、金冠（Golden Delicious）、Elstar[6]、Braeburn[7]、Merlijin[8]、乔纳金（Jonagold）、富士（Fuji）、王林（Orin）[9]、金矮生（Jonagored）[10]、皇家嘎拉（Royal Gala）[11]、辽伏（Liaofu）[12]、元帅（Delicious）[13]、粉红佳人（Pinklady）[14]以及 $M_{26}^{[2,15]}$、$M_7^{[16]}$ 和八楞海棠[17]等。

目前，导入的外源基因有 GUS 基因[3]、npt II 基因[2]、GFP 基因[18]、Bt 基因[19]、CpTI 基因[9]、杀菌肽基因（Attacin E）[20]、抗菌肽 MB_{39} 基因[21]、抗真菌 γ-硫堇蛋白 Rs-afp_1 基因[22]、ALS 基因（抗除草剂基因）[11]、rol 基因（生长素合成酶基因）[23]、光敏色素 B 基因[24]、LeIRT（铁载体蛋白基因）[25]、Ferrition（铁结合蛋白基因）[26]等。其中抗性基因分别提高了苹果的抗虫性[27]、抗病性[21,28]和抗除草剂的能力，rol 基因的导入使苹果苗在田间表现矮化[29]，光敏色素 B 基因使苹果的生长量和干重不同程度减小。2015 年 Neal Carter 等培育的转基因北极苹果（Arctic apples）开始商业化种植[30]，标志着转基因苹果步入商业化阶段。

同时，对转化材料的选择不再停留在最初的抗性材料筛选上，GUS 组织化学检测[31]及分子水平的检测（PCR 或 Southern 杂交）[32]技术被普遍采用。由于 GUS 基因可以在农杆菌中表达，而农杆菌在转化后的离体培养中至少能存活 12 个月而不表现生长[33]，所以 GUS 阳性结果不能准确反映初步转化频率。于是，另外一种报道基因——绿色荧光蛋白基因（GFP）被用于苹果的遗传转化[18]。GFP 在蓝光（395nm）下发出亮绿色荧光，此荧光稳定性好，且无种质特异性，检测操作方便。与 GUS

基因不同的是，*GFP* 基因在 CaMV35S 启动子控制下，在根癌农杆菌内不表达，因此可以避免因除菌不彻底造成的假 *GUS* 阳性结果。

遗传转化的最终目的是获得能稳定表达且遗传外源目的基因的转化植株，这就需要不断观察和检测转基因植株在田间的表现。James 等[34]研究了外源基因在绿袖中的表达情况及其在后代中的遗传规律，发现 nos 基因和 npt II 基因在转基因植株的果实中得到稳定表达，用 Southern 杂交和 PCR 方法证明了 F_1 子代中单位点插入的 nos 基因呈 1：1 分离，双位点插入的 npt II 基因呈 3：1 分离，符合孟德尔遗传定律。Yao 等[35]在对转基因皇家嘎拉进行异花授粉获得的有性后代的遗传分析中发现，多数转基因株系的有性后代的 GUS 基因表达符合 1：1 分离规律。

1.2 影响苹果遗传转化效率的因素

1.2.1 转化方法

植物转基因的方法主要有农杆菌介导法、基因枪法、激光法、花粉管通道法等。农杆菌介导法以其简便、高效成为应用最广泛的转化方法，苹果几乎全部采用这一方法。但农杆菌介导法在转化结束后，培养基中需加入至少两种抗生素：一种用于杀死农杆菌，另一种用作相应于标记基因的选择标记。当除菌不彻底时，会造成假阳性结果，加上有些抗生素会抑制转化材料的再生[36]，这些都会影响转化效果。其他作物上应用直接转化法可以减少假阳性植株，提高转化率。苹果直接转化研究较少，主要是因为大多数直接转化法需要原生质体的分离[37]，并且需要原生质体能有效再生，而苹果原生质体培养研究较少，从而限制了直接转化法的研究。发展苹果直接转化法，一方面需要深入研究原生质体培养，另一方面可以选用不需要原生质体制备和再生的方法，如基因枪法。

1.2.2 再生体系

苹果愈伤组织再生植株尚存在较大困难，叶片再生胚状体还不够成熟且周期较长。而大部分品种的叶片再生不定芽体系已经比较成熟，且再生周期短，因而成为苹果转基因的主要受体系统。叶片高效再生不定芽是实现基因转化的前提，是获得转基因植株的关键。影响叶片高效再生的因素包括试验材料的基因型[38~40]、基本培养基类型[41~44]、培养基中植物生长调节物质的种类及配比[5,39,43,45,46]、光照条件[39,42,46~48]和接种前叶片的生理生化状态（包括苗龄[41,49,50]、叶片成熟度[48,51]、叶片不同部位[38]以及外植体的来源[46]等），其中试验材料基因型是最重要的因素。除利用叶片建立再生体系外，学者们也尝试采用其他部位建立再生体系并获得成功，李玉生等通过茎尖侵染获得'姬神'的转基因植株[52]，Dai 等通过子叶获得苹果砧木'西府海棠'的转基因植株[53]。

1.2.3 菌株类型

不同农杆菌菌株对不同苹果品种的侵染率不同[45]。张志宏[54]研究发现，琥珀碱型菌株 EHA105 对乔纳金叶片的转化率远高于章鱼碱型菌株 LBA4404。Dandekar 等研究发现根癌农杆菌菌株 A281 和 C58 使转化材料的冠瘿瘤形成率超过 65%[55]。当 A281 构建与其 Ti 质粒 pTiBO542 相配的含毒区的质粒 pVK291 时，其毒性更强，使材料的整个伤口边缘产生了大量的冠瘿瘤，从而侵染植物的能力更强[56]。因此，在进行基因转化时应根据不同的受体基因型选择不同的菌株类型。

1.2.4 农杆菌侵染条件

（1）农杆菌菌液浓度和侵菌时间。由于不同的菌株生长势不同，所以菌液浓度和侵染时间不同。农杆菌菌液浓度太低，侵菌时间太短，叶片不能附着足够的菌液，转化率低；而过度的侵染不仅需要高浓度的抗生素来杀菌，而且材料所受的伤害会太重，不利于转化材料的恢复，甚至导致材料软腐死亡。应掌握的原则是繁殖速度快的菌株时间宜短，繁殖速度较慢的可适当延长。对农杆菌敏感的植株，因其易产生过敏反应而导致外植体切口处褐化，可采用较低的 *OD* 值和较短的浸泡时间。一般菌液浓度范围

是 $OD_{600}=0.05\sim0.7$，侵染时间不超过 30min。

（2）共培养时间。农杆菌的附着，T - DNA 的转移以及整合都在共培养期间完成，因此共培养技术条件的掌握是转化的关键。农杆菌转化时，并不"侵入"植物细胞，而是把 T - DNA 转移到植物细胞。农杆菌附着后不能立即转化，只有在创伤部位生存 16h 之后的菌株才能诱发肿瘤。因此，共培养时间必须长于16h。但共培养时间太长，农杆菌过度繁殖，将导致受体植株缺氧软腐死亡。所以，共培养时间的确定以不对叶片造成伤害又最大限度提高转化效率为标准[57]。另外，共培养时培养基中高浓度的细胞分裂素比生长素更有利于转化[58]。

（3）酚类物质。酚类物质可以诱导 *vir* 基因的表达从而促进 T - DNA 的转移。植物酚类化合物乙酰丁香酮（Acetosyringone，AS）、渗透保护剂磷酸甜菜碱（Betainephosphate，BP）能提高农杆菌的毒力。当再生培养基中附加 AS（0.1mol/L）时，绿袖的转化效率大大提高[19]。然而有时 AS 并不表现明显效果，张志宏等在研究中发现用 AS（100μmol/L）处理菌株 EHA105 的细胞，未能提高转化效率[59]。AS 可能是激活农杆菌的毒区，从而提高其侵染能力，而碳源的种类则对侵染与再生均有影响。

1.2.5 抗生素种类及浓度

抗生素在整个遗传转化体系中也起着重要作用。在农杆菌介导的转化后，至少有两种类型抗生素被添加到培养基中：一是抑制农杆菌生长的抗生素，二是用于筛选转化植株的抗生素。常用的抑制农杆菌生长的抗生素有羧苄西林（Cafb）、头孢噻肟钠（Cef）和头孢西丁（Cefoxitin），其浓度及种类影响着遗传转化后的脱菌效率。当去除细菌不完全时，可能会导致假阳性结果。

苹果转基因研究最常用的标记基因是 *npt* Ⅱ，对应的抗性筛选剂为卡那霉素。在抗性芽筛选时，不同品种对于抗生素的耐受性差异极大。使用王林苹果的愈伤组织进行转化时，30mg/L 卡那霉素是较合适的筛选浓度[60]，然而在苹果 M7 砧木中 20mg/L

卡那霉素即可完全抑制叶片再生[61]。

2　外源基因在转基因植物中的表达

转化的外源基因在植物受体细胞中能否正常表达是基因工程所关注的问题，而具有经济性的外源基因在一定水平上有效表达是评价其经济价值的重要指标。影响外源基因表达的主要因素如下。

2.1　转化方法对外源基因表达的影响

农杆菌介导法是目前在双子叶植物中应用最广的一种遗传转化方法，与其他方法相比，农杆菌介导法操作简单，成本低，获得的转化体稳定，发生基因沉默率低，导入 DNA 片段较大且转化体常为单拷贝，有利于转基因植物的稳定表达。但基因转化频率较低，一般在 1‰以下[62]。基因枪法无宿主限制，可控度高，操作简便，近年来发展较快，但转化率低，转化后瞬时表达率高，稳定表达比例较低。超声转化法不需要复杂昂贵的仪器设备，操作简便省时，转化率高，是一种比较理想的转基因方法。但在超声波处理过程中载体 DNA 可能会断裂，从而引起外源基因的不完整插入，同时由于超声波转化时外源基因是随机、非定向、多拷贝地整合到受体基因组中，所以易引起外源基因沉默。

2.2　拷贝数对外源基因表达的影响

关于拷贝数与基因表达的关系，目前有两种观点：一是多数文献报道外源基因的拷贝数增加并不意味着表达水平的提高，反而常常会导致外源基因的沉默[63,64]，Sabl 等[64]对果蝇 *brown* 基因进行转化研究发现，当该基因存在重复序列时，会引起基因间的同源配对，并导致此区域的异染色质化，对基因的转录产生抑制；二是有研究报道外源基因插入拷贝数的多少与基因沉默之间不存在必然的联系[65]，叶霞[66]用菜豆铁蛋白基因在苹果基因组内的转录表达定量 RT‐PCR 检测显示，插入 3 个拷贝和 5 个拷贝的外源基因在苹果基因组内都有转录，其中整合了 3 个拷贝目的基因的株系 2 的表达量最大，而同样整合了 3 个拷贝外源基因的株系 1 的表达量却极低。

2.3 外源基因和内源基因的同源性对基因表达的影响

外源基因和内源基因如果存在序列的同源性，在转基因植物中，它们会竞争性地结合核基质、核膜等转录和翻译所必需的不可扩散元件，而出现相互抑制，影响内外源基因的表达[67]。转录水平上，同源基因在同源性较高或某些因子影响下，可发生相互作用而使同源序列发生甲基化并失活。同样，多拷贝重复基因序列整合进基因组后，无论正向、反向都容易形成异位配对，引起基因组防御系统的识别而被甲基化或异染色质化失活[68]。

2.4 启动子对外源基因表达的影响

目前转基因植物研究中应用的启动子按来源一般分为：病毒来源的 CaMV35S 启动子，植物来源的玉米泛素基因 (*ubiquitin*) 启动子、人工合成的启动子元件 (G‐boxmotif)。这些启动子能引导外源基因在转基因植株的各个组织中表达，但不能从时间和空间上对其进行有效调控。因此不仅造成了表达产物的浪费，而且在质外体、液泡等器官中表达产物的过度积累对植株本身的生长发育造成不良影响。

组织特异性的启动子在根、叶片和叶脉、韧皮部、木质部、花粉绒毡层、果实、胚等器官或组织中都有特异表达[69~71]，而且大部分特异启动子启动表达的活性均强于组成型表达的启动子。如番茄果实 *2A11* 基因启动子的表达有很强的果实专一性。开花一周后才能在子房中检测到该基因的 mRNA，而其他组织和发育阶段则检测不到其 RNA 的存在[72]。子房特异的启动子 TPRP‐F1 在促进番茄的单性结实上也有很好的效果而又不影响果实大小和形态[73]。

2.5　环境因子对外源基因表达的影响

外界环境条件的改变可以使外源 DNA 甲基化程度发生变化，并引起外源基因表达的强烈变化[74]。例如，利用去甲基化试剂 5-氮胞苷可以部分或全部恢复外源基因的表达活性。Meyer 等[75]发现，将 A1 基因转化矮牵牛植株移栽至大田后，由于光照加强，温度升高，转基因植物的花色变化程度比培育在温室中更为显著，转基因失活的植株数目更多。Petko 等[76]通过对转基因植株进行光、热、厌氧和伤害等逆境处理分析发现，高温能诱导热休克蛋白的表达，同时降低其他基因的 RNA 表达水平。

3　转基因安全性评价

自从 1983 年第一例转基因烟草问世，世界转基因植物的研究及利用取得迅猛发展。1986 年，抗虫和抗除草剂转基因棉花首次进入田间试验。1994 年由 Calgene 公司推出的延长成熟的转基因番茄"Flay Savr"，经美国农业部（USDA）和美国食品与药物管理局（FDA）批准上市。这是世界上第一例获准进行商品化生产的转基因作物。之后，全球转基因作物种植面积和产量迅速增加。2019 年全球 29 个国家转基因作物种植面积为 1.904 亿公顷，转基因作物种植面积比 1996 年增加了约 112 倍。其中 24 个发展中国家转基因作物种植面积占全球的 56%，5 个发达国家的种植面积占 44%。另外有 42 个国家和地区进口了转基因作物。2019 年，转基因作物在五大种植国的平均利用率都达到 90%，阿根廷实现了 100% 的应用率。全球转基因作物中种植面积最大的是大豆，其次是玉米、棉花和油菜。除此之外，苜蓿、甜菜、甘蔗、木瓜等多种转基因作物的应用率提高为消费者提供了更加多样化的选择。抗虫/耐除草剂复合性状转基因作物种植面积增长了 6%（8 510 万公顷），覆盖了全球转基因作物种植面积的 45%，单一抗虫性状转基因作物种植面积占比 12%，单一耐除草剂作物占比 43%。2019 年排名前五位国家美国、巴西、阿根廷、加拿大和印度的种植面积占全球种植面积的 91%，总计 1.727 亿公顷。美国是允许种植转基因品种最多的国家，除了大豆、玉米，还有苜蓿、马铃薯、木瓜和南瓜以及苹果等。截至 2021 年，我国允许商业化种植的转基因品种仅有棉花和木瓜，同时我国是仅次于印度、美国之外的第三大转基因棉生产国，每年 320 万公顷左右的转基因作物种植面积，几乎全是棉花。

转基因技术的发展和转基因作物的推广对人类所面临的食物供应短缺、资源匮乏、环境污染等问题的解决起到了一定作用，并将在更大程度上推动社会的进步和产业化步伐的加快。但在转基因植物取得惊人发展的同时，其安全性也普遍受到人们的担忧，已成为当今世界共同关注的焦点。转基因植物安全性主要指食用安全性和生态环境安全性两个方面。

3.1　转基因植物的食用安全性

转基因植物大多数被用作人类食品或动物饲料，因此，食品安全性是转基因植物安全评价的一个重要方面。1993 年经济合作与发展组织（OECD）提出了食品安全性评价的实质等同性原则，2000 年 5 月在日内瓦会议上进一步认为实质等同性原则可作为"转基因食品安全评价的基本框架"予以公布[77]，即转基因食品必须在天然有毒物质、成分、抗营养因子及变应原等方面与自然食品实质性相同，才是安全的。目前，公众关注的转基因食品安全性主要是以下几方面：

（1）外源基因安全性。转基因植物食品中的外源基因主要包括两大类，即目的基因和标记基因。通常导入的目的基因并非原来亲本动植物所有，有些甚至来自不同类、种或属的其他生物，甚至各种细菌和病毒，如除草剂抗性基因、病虫害抗性基因等。人们担心食用这些外源基因会对健康产生威胁。标记基因是帮助对转基因生物工程体进行筛选和鉴定的一类外源基因，通常使用抗生素抗性基因作为标记基因，因此，大多数转基因植物中含有此类抗生素抗性基因。抗生素抗性通过转移或遗传转入物而进入食物链，是否会进入人和动物体内的微生物中，从而产生耐药的细菌或病毒，使其具有对某一种抗生素的抗性，从而影响抗生素治疗的有效性？目前的研究表明，外源基因不会对人畜产生毒性，而且经水平转移至肠道微生物或上皮细胞的可能性也非常小，因为：①所有生物体的 DNA 都是由 4 种碱基组成，因此与目的基因的 DNA 一样，食品中存在的标记基因的 DNA 本身不会有安全性问题；②DNA 从植物细胞中释放出来，很快被降解成小片段，因此转基因食品中的外源基因 DNA 在进入肠道微生物存在的小肠、盲肠及结肠前已被降解；③即使有完整的 DNA 存在，DNA 转移整合进受体细胞并进行表达也是一个非常复杂的过程，必须有一定条件才能进行；④目前尚未发现有消化系统中的植物 DNA 转移至肠道微生物的现象，上皮细胞又因为半衰期很短，能被不断取代，保存下来的可能性几乎没有[78]。

此外，为了提高转基因植物标记基因安全性，科学家们在转基因技术和标记基因上做了改良：一是利用无争议的、有生物安全标记的基因；二是将转基因植物中选择标记基因记忆去除[79]；三是使用基于叶绿体基因工程的无选择标记基因转化系统[80]；四是利用防止外源基因飘移的花粉不育技术和利用无籽或种子不育技术[81]；五是利用基于 CRISPR/Cas 系统的基因编辑技术，CRISPR/Cas 由于操作简单，效率高，广泛应用于植物的基因突变和转录调控，被认为是植物生物学中的一项革命性技术[82]。

（2）食品致敏性。转基因食品中引入的新基因蛋白质有可能是食品致敏原，或者可能会产生新的致敏原，而人类在自然环境中发育进化形成的人体免疫系统可能难以或无法适应转基因生成的新型蛋白质诱发的过敏症[83]。如美国先锋种子公司的科学家在对大豆作品质改良时发现巴西坚果中有一种蛋白质富含甲硫氨酸和半胱氨酸，并将这一基因转到大豆。但他们发现一些人对巴西坚果有过敏反应，引起过敏反应的正是这一蛋白。他们随即对带巴西坚果蛋白的转基因大豆也进行检验，发现对巴西坚果过敏的人对这种转基因大豆也过敏，于是该公司取消了这项研究计划[84]。马启斌等[7]认为抗草甘膦转基因大豆中的 CP4 - EPSPS 蛋白无明显致敏性，且精炼大豆油可去除大多数 CP4 - EPSPS 蛋白，降低其在大豆制品中所占的比例，降低其致敏性从而不引起人体的过敏反应。

（3）产生有毒物质。遗传修饰在打开一种目的基因的同时，也可能会使作物中原来沉默的毒素合成途径得以激活。在植物的进化过程中，会有因突变而沉默的代谢途径，这些代谢途径的产物或者中间产物有可能是毒素，如芥酸、黄豆毒素、番茄毒素、棉酚、马铃薯的茄碱、龙葵素、木薯和利马豆的氰化物、豆科的蛋白酶抑制剂等[85]。因此，毒理学评价成为转基因食品安全性评估的重要内容。在利用转基因玉米对 Crylle 蛋白模拟消化实验中发现，Crylle 蛋白在模拟胃肠液中 15s 内即被消化，且 SDS - PAGE 未检测到蛋白残留。进一步进行生物活性测定，证实 Crylle 蛋白在胃肠液系统中不稳定，并丧失对亚洲玉米螟的杀虫活性，表明这类转入基因表达的蛋白不会对人类产生毒害作用[86]。通过用转基因玉米喂养 SD 大鼠，观察 90d 后实验组和对照组大鼠的生化、血常规、脏器指数等指标，证明了转基因耐草甘膦除草剂玉米 CC - 2[87]、转基因抗虫玉米 CM8101[88]、转基因 DAS - 59122 - 7 玉米[89]没有亚慢性毒性。也有研究者采用三代繁殖毒性研究的方法，通过检测并对比各组大鼠的基本生理生化指标和生殖系统以及子代发育情况，证明食用转 CrylAb 和 epsps 基因玉米不会对大鼠及其子代造成不良影响[90]。用抗草甘膦豆粕饲养大鼠，大鼠的生长生理指标和组织器官病变指标较对照组无显著变化，相应肌肉组织中未检测出抗草甘膦转基因大豆的外源 DNA 残留[91]。吴争等[92]通过研究转基因大豆油对低营养模型小鼠免疫功能的影响发现，转基因大豆油未对模型动物细胞的免疫系统产生不利影响，但非转基因大豆油较转基因大豆油对免疫功能促进有更好的效果。也有研究指出，转基因大豆对生物体可产生毒害影响，Malatesta 等[93]使用抗草甘膦转基因大豆饲养大鼠 2 年，发现老鼠体内的衰老标记物表达量明显增多。

（4）营养问题。人为改变蛋白质组成的食物其营养组成和抗营养因子变化幅度较大，人体能否有效地吸收利用这些蛋白质，食物的营养价值是否下降，新型食物是否会造成体内营养素紊乱等方面的介绍很少，使得人们对转基因食品表示担忧。目前利用转基因玉米研究证实，多个品种转基因玉米与其亲本玉米的营养成分和含量并无明显差异；同时，通过动物喂养实验也证明多种转基因玉米营养成分的生物利用率与亲本相比并无显著差异，如用转 RDV 运动蛋白缺陷型基因抗矮花叶玉米全食物饲喂 SD 大鼠，检测 90d 中大鼠生长性能、尿液及脏器指数的变化，上述指标证明转 RDV 运动蛋白缺陷型基因抗矮花叶玉米与常规非转基因玉米有相同的生物学营养[94]。通过对比饲喂转植酸酶玉米与对照非转基因玉米后的 SD 大鼠的生长性能、血常规、生化指标和蛋白功效比值，可证明转 AO 基因高植酸酶玉米在蛋白质营养价值方面与非转基因玉米具有实质等同性，即从营养学角度分析该类型玉米是安全的[95]。此外，在研究加工后转基因玉米的安全性时发现，多数物理加工方法，如粉碎、配料、混合、普通制粒工艺和青贮不会降解转基因产品中的 DNA[96]，但蒸煮[97]、发酵和烘烤[98]等加工方式将导致转基因产品中基因被破坏和降解，降低基因转移的风险；并且加热温度越高，加工时间越长，基因的破坏量越高，同时循环次数越多，加工后的 DNA 含量越少[99]。

3.2 转基因植物的生态环境安全性

3.2.1 基因漂流

基因漂流是指将一个群体的基因库转移到另一个群体的基因库。这种基因转移是自然群体中遗传结构的主要决定因素。它也指不同物种或生物群体之间遗传物质的转移，包括花粉飘移和无性繁殖体的混杂。无性繁殖体的混杂可以通过人为的控制而杜绝。基因漂流主要取决于物种的生物特性及各种物理影响因素。不同的作物有不同的传粉模式（如风媒传粉和虫媒传粉）及不同的种子传播模式，两者都可作为转基因逃逸的载体。但不同物种的繁殖方式不同，这种介导的基因扩散模式也截然不同[100]。基因漂流的途径：一是在种子生产、储藏、运输、贸易及引种等过程中产生，二是花粉飘移。

　　作物对野生基因流动的生态后果可能有 3 个[101]。一是可能产生更具竞争力的杂草，二是改变野生植物种群的基因频率，三是降低天然食草动物的生存率和繁殖力。Lee 等[102]对转基因玉米向鸭茅状磨擦禾（*Tripsacum dactyloides* L.）基因流动潜力进行了评估，结果表明，在自然生境中，没有证据表明基因从玉米向鸭茅状磨擦禾流动。Millwood 等[103]发现转基因花粉的运动和杂交率与距离呈负相关。尽管在温室条件下，转基因植物花粉介导的基因流动风险较低[104]，但花粉介导的基因流（PMGF）从转基因油菜（GM）经风和昆虫可以传播到其野生亲缘植物[105]。在棉花上研究，多数学者认为外源基因具有漂移现象。李海强等研究发现，在自然条件下，转 *Bt* 基因抗虫棉 SGK321 和 GK19 的外源基因 *Cry1Ac* 可以从这两种棉花的小区向周围的常规棉花漂移，使周围常规棉花产生含有 *Cry1Ac* 基因的种子，且在距离转基因棉花小区边缘 1～120m 均能检测到外源基因 *Cry1Ac*[106]。沈法富等[107]认为 *Bt* 基因流最远可达 72m，王长永等[108]、贺娟等[109]、张宝红等[110]、连丽君等[111]认为转基因棉的花粉最远的传播距离分别为 25、36、50、100m。Heuberger 等[112]和 Ilewellyn 等[113]分别证实在 750m 和 1 625m 处可以发现转基因棉的外源基因 *Cry1Ac*。

3.2.2　对生物多样性的影响

　　一些生物学家认为，自然界物种为了保持自身的稳定性、纯洁性，对遗传物质的改变是严格控制的，基因漂流仅限于同种之间或者近源物种之间。而转基因生物是通过人工方法对动物、植物和微生物甚至人的基因进行相互转移，它突破了传统的界、门的概念，跨越了物种间固有的屏障，具有普通物种所不具备的优势特征。这样的物种若释放到环境中，会改变物种间的竞争关系，破坏原有的自然生态平衡，使生态系统中原有的完整的食物链遭到破坏，导致物种灭绝和生物多样性的丧失[114]。墨西哥是玉米的起源中心和多样性中心，由于近年来转基因作物的种植，其九个州的玉米当地品种发生了基因污染[115]。但也有学者研究认为，在中长期的转基因大豆种植下，转基因大豆转变为杂草的可能性为零或较低，表明转基因大豆在栽培地无生存竞争优势，杂草化潜力和可能性较低[116]。

3.2.3 对非靶生物的影响

转基因植物对非靶生物的影响，主要包括对近缘生物的影响、对土壤微生物区系的影响、抗虫转基因植物对有益和其他昆虫的影响、抗病毒转基因植物中发生病毒异源包装的活重组的可能性、转基因植株残渣对下季作物的影响。

Zhou 等[117]研究认为在转基因棉花田的捕食性昆虫比对照田的数量要少。Fuller 等[118]认为转基因油菜如果在欧洲田间种植30 年可能会使一些鸟类的数量减少。Watkinson 等[119]根据模拟情况认为转基因抗除草剂甜菜可能对云雀产生影响。

根际是受根系分泌物控制的土壤薄层，由于根毛和根分泌物的作用，其对外源基因产物较为敏感，在根际范围内形成了特殊的微生物环境，使根际成为土壤—植物生态系统物质交换的活跃界面。根围土壤是根区土壤，是挖出根后，轻轻抖去的附在根上的土粒。植物作为第一生产者同化大气 CO_2，将部分光合产物转运至地下，激发土壤微生物的生长和新陈代谢；土壤微生物则将有机态养分转化成无机形态，利于植物吸收利用。这个植物—微生物的互作关系维系和主宰着陆地生态系统的功能[120,121]。土壤微生物是土壤中活的有机体，是活跃的土壤肥力因子之一，细菌、放线菌和真菌是土壤微生物的三大类群，构成土壤微生物的主要生物量，它们的区系组成和数量变化常能反映出土壤生物活性水平。根系分泌物、植物种类、植物年龄、其他生物体（如菌根菌和原生动物）等直接或间接影响根际土壤微生物群落的多样性。

近几十年转基因技术不断发展，由于转基因植物的外源基因及其表达的毒蛋白可以通过作物残茬、根系分泌物、花粉等许多途径进入土壤生态系统，因而可能会激发或抑制非目标微生物种类，使土壤微生物群体结构发生变化，最终导致生态系统功能的改变[122]。在抗草甘膦转基因大豆对土壤细菌群落多样性影响的研究中，徐广惠等认为转基因大豆根际土壤中细菌数量和细菌群落多样性都有所下降，并且对根系土壤的 *Nitrospira* 细菌有一定的抑制作用[123]，但是李刚等的研究则表明转基因大豆对根际土壤中细菌群落多样性无显著影响[124]。转入 *Bt* 基因的作物种类中，李孝刚等[125]和邹雨坤等[126]分别对转基因棉花和玉米进行研究，都表明对土壤中微生物群落无显著影响；然而张美俊等研究转 *Bt* 基因棉对土壤微生物的影响，认为转 *Bt* 基因棉对细菌、真菌生长繁殖有促进作用，对放线菌数量没有显著影响[127]；刘微等认为转基因水稻对土壤微生物群落的影响是短暂的，不具有持续性[128]。至于转入 *CpTI* 基因的植物，朱荷琴等[129]研究认为，转 *CpTI* 基因棉花对根际土壤中细菌、放线菌和真菌的数量有显著影响。对于多年生转入抗虫基因的杨树，甄志先等研究其土壤中细菌、放线菌、真菌数量，发现与非转基因植株有一定差异，但是并未达到统计学显著水平[130]。Niesen 等[131]利用 *npt* II 做遗传标记，在转基因作物地里检测土壤微生物 *Acinetobacter calcoaeticus* BD413 中是否已经整合了质粒 DNA，结果显示即使给微生物最优化的条件，转移频率仅在 $10^{-16} \sim 10^{-13}$，在自然条件下，这种最优化条件几乎不会出现，因而他们认为转基因作物在自然条件下向微生物之间的水平转移是很难的。Droge 等[132]的研究表明，在模拟生态系统的实验室条件下微生物之间的基因转移是可能的，而且他们认为在田间条件下微生物进行基因转移是可能的。

4 研究背景、内容和目的

苹果归类于蔷薇科（Rosaceae），苹果亚科（Maloideae），苹果属（*Malus* Mill.），是多年生木本果树，树体大，种质丰富，品种多样，基因组高度杂合，童期漫长[133]。苹果为世界四大水果之一，是我国的第一大水果，其栽培面积和产量约占我国水果总量的 20% 和 30%，在国民经济中占有重要地位。我国是世界第一苹果生产大国，栽培面积和产量占世界苹果总量的 30% 以上。2022 年我国苹果种植面积超过 200 万公顷，产量达 4 757.18 万吨，占全球总产量的一半以上[134]。据海关总署统计，2021 年我国鲜苹果出口量为 107.83 万吨，出口金额为 142 973.99 万美元，进口量为 6.80 万吨，进口金额为 15 097.66 万美元[135]，鲜苹果出口量明显大于进口量。但苹果虫害较为严重，每年虫害致使生产受到巨大损失，表现为树势衰弱、产量低、果实品质差，严重者造成树体死亡，果园经济效益低甚至绝产无收。目前对苹果虫害的防治方法主要以化学农药防治为主，而苹果园单一用化学农药防治虫害，产生了诸多副作用：最突出的是虫子产生抗药性，防治成本增加；其次是杀害害虫天敌，使害虫更加猖獗；污染环境，生态平衡遭到破坏。所以，培育抗虫品种是从根本上有效防治虫害发生的重要途径，同时有利于加速实现苹果无公害生产。但由于果树育种周期长、遗传背景复杂，传统的杂交育种方式很难选育出既抗虫又具优良品质的品种。基因工程的发展可以为苹果品种的遗传改良提供新的技术方法，拓宽基因源，突破种间界限，能从动植物及微生物中分离各种功能基因用于遗传改良，缩短育种周期，提高育种效率，为苹果遗传育种研究、利用各种遗传种质资源开辟一条新的技术途径，不但可以节省大量人力和时间，而且有望实现定向育种，在果树育种工作中展现出良好的前景。

豇豆胰蛋白酶抑制剂（Cowpea Trypsin Inhibitor）是一种植源性的抗虫蛋白，昆虫摄入豇豆胰蛋白酶抑制剂并在体内积累时，蛋白酶抑制剂就会抑制昆虫肠道内蛋白水解酶的活性，并刺激消化酶的过量合成和分泌，引起某些必需氨基酸（如甲硫氨酸）的缺乏，扰乱昆虫的正常代谢，最终导致昆虫发育迟缓甚至死亡。抗虫谱检测表明，*CpTI* 几乎对所有测试的主要农业害虫有抑制作用，包括大部分的鳞翅目害虫和部分翘翅目害虫，抗虫谱极广；由于它作用于昆虫消化酶的活性中心，因而具有不易产生耐受性的特点；另外，*CpTI* 是来源于植物本身的抗虫基因，比来源于细菌的转基因产品更易于被公众接受，且已有研究结果表明，蛋白酶抑制剂转入食用作物，对人、畜没有副作用。因此，它已成为目前除 *Bt* 毒蛋白外使用最为广泛的抗虫蛋白。

本实验室经过几年的努力，已经将与抗虫性状有关的 *CpTI* 基因进行改造，克隆到高效启动子中，构建成高效表达抗虫质粒，并成功将该质粒导入目前苹果生产的 4 个主栽品种（嘎拉、王林、乔纳金和富士）中，获得 60 个通过抗卡那霉素筛选、PCR、Southern blot 鉴定的株系，同时，已将部分株系移栽到温室种植，并于 2005 年开始开花结果。本项研究以此为试验材料，通过 PCR、RT－PCR、室内虫试等方法，对转基因株系的外源 *CpTI* 基因在不同水平的表达和性状进行研究，明确外源基因在转化株中的稳定性，探讨转基因苹果外源基因的整合表达规律、遗传规律；同时利用人工杂交、花粉培养、蛋白质分析、同位素标记等方法，对转基因苹果花粉和果实性状进行分析，为开展转基因苹果生态安全性和食品安全性评价提供理论依据；通过微嫁接的方法，对外源基因在砧穗间的传导性进行研究，为果树砧木的基因转化中 *npt* Ⅱ 标记基因的安全利用提供有利依据。初步建立苹果 FISH 体系，为研究外源基因染色体定位提供技术平台。

第二章 外源CpTI基因在苹果转化株系中的表达研究

1983 年世界上首株转基因植株诞生，1988 年首例转基因果树——核桃转化成功[1]，1989 年苹果获得转化植株[2]，植物转基因研究发展突飞猛进。但将特定的外源基因转入受体植物，并不是植物遗传转化的最终目的。理想的转基因植物往往需要外源基因在特定部位和特定时间内高水平表达，产生人们期望的表型性状。外源基因的表达必须通过 DNA—mRNA—蛋白质才能对性状起作用。研究外源基因在受体植株中的表达，除了在 DNA 水平，在 mRNA 水平、蛋白质水平研究基因表达也是一条重要途径。影响外源基因表达的因素很多，通过转化整合到植物染色体上的外源基因，其表达不仅受植株生理状态的调控，还与其调控序列以及整合部位等因素有关。因而研究外源基因在转化植株中的表达规律和影响表达的因素是植物基因工程中的重要课题。

本研究以转基因苹果组培苗为试验材料，通过 PCR、RT -PCR、毛细管区带电泳以及抗虫性试验等方法，对转基因植株中外源基因在 DNA 水平稳定性和 mRNA 水平、蛋白质水平以及表型表达进行了系统研究，为苹果基因转化实用化提供了依据。

1 材料与方法

1.1 试验材料

1.1.1 供试材料

供试材料为苹果（*Malus domestica* Borkh.）组培苗及转虹

豆胰蛋白酶抑制剂基因（*CpTI*）苹果组培苗，品种为嘎拉、王林、乔纳金和富士，由河北农业大学园艺学院生物技术实验室培育。其中转基因品种嘎拉 46 个株系编号为 1～46，王林 9 个株系编号为 47～55，乔纳金 3 个株系编号为 56～58，富士 2 个株系编号为 59、60。非转基因品种有：嘎拉（CK1）、王林（CK2）、乔纳金（CK3）、富士（CK4）。

转基因苹果组培苗采用常温继代保存。培养条件：培养室温度为（25±2）℃，光照时间为 16h 光照＋8h 黑暗，光照强度为 1 500～2 000 lx。继代培养基为 MS＋0.5mg/L BA＋0.04mg/L NAA＋30g/L 白砂糖＋6.0g/L 琼脂（青岛海燕琼胶有限公司生产），pH 为 5.8～6.0。每 8 周继代一次，培养保存 6～8 年。

供试的转 *CpTI* 基因嘎拉、王林、乔纳金、富士以及普通型嘎拉、王林、乔纳金、富士栽植于河北农业大学园艺学院标本园温室内，常规管理。

1.1.2　试剂及主要仪器设备

Taq DNA 聚合酶、dNTPs、DNase I（RNase free）、RNase Inhibitor、100bp DNA Ladder Marker、DNA 回收试剂盒、pMD18－T Vector、JM109 感受态细胞购于宝生物工程（大连）有限公司（大连 TaKaRa 公司），TRIquick Reagent 试剂盒、M－MLV 购于北京天为时代公司，DEPC、X－gal、IPTG、氨苄西林购于上海生物工程公司，氯仿、异戊醇、无水乙醇等为国产分析纯试剂。

P/ACE 5500 型毛细管电泳仪（美国 Beckman 公司），配有二极管阵列检测器、激光诱导荧光检测器，System Gold 软件。石英毛细管空柱直径为 75μm，长度为 60cm，有效长度为 50cm。

1.2　试验方法

1.2.1　*npt* Ⅱ 基因的检测

取常规继代培养 6～8 年的转 *CpTI* 基因苹果株系组培苗新梢，接入继代培养基 MS＋0.5mg/L BA＋0.04mg/L NAA＋

30g/L 白砂糖＋6.0g/L 琼脂＋50mg/L Kan 中，30d 后观察新梢生长和白化情况。

1.2.2 外源 *CpTI* 基因的 PCR 检测

1.2.2.1 质粒 DNA 的提取[32]

（1）从 YEB 平板上挑取单菌落，接种于附加 50mg/L Kan 和 10mg/L 利福平的 YEB 液体培养基中，28℃ 条件下 210r/min 振荡培养过夜（至对数生长后期）。

（2）取 1.5mL 菌液移至 1.5mL 无菌 Eppendorf 管中，12 000r/min 离心 30s，弃去上清液，干燥沉淀。

（3）向离心管中加入 100μL 冰冷的溶液Ⅰ，涡旋振荡悬浮菌体。

（4）加入 200μL 新配制的溶液Ⅱ，迅速盖严离心管盖，快速颠倒离心管 5 次，置冰水浴 10min。

（5）向离心管中加入 150μL 溶液Ⅲ，颠倒离心管数次，置冰水浴 10min，12 000r/min 离心 10min。

（6）将上清液转入 1.5mL 无菌 Eppendorf 管中，加等体积的氯仿抽提，12 000r/min 离心 5min，仔细吸取上层水相。

（7）将氯仿抽提后的上层水相转入无菌 Eppendorf 管中，加入 2 倍体积的无水乙醇，−20℃ 放置 30min。

（8）12 000r/min 离心 10min，弃去上清液，用无菌吸水纸条吸去管壁上的液滴。

（9）用 70% 乙醇洗沉淀 1～3 次，于空气中干燥。

（10）加入适量（10～20μL）TE 溶解质粒 DNA，−20℃ 储存备用。

1.2.2.2 植物基因组 DNA 的提取

参照杜国强等[136]提取苹果组培苗 DNA 的方法，略有改进，提取基因组 DNA，具体操作如下：

（1）称取 4g 新鲜叶片，放入研钵中，加液氮迅速研磨成细粉状，迅速将粉末转移至 50mL 离心管，加 20mL（65℃ 预热）的 CTAB 提取缓冲液［100mmol/L Tris - HCl（pH 8.0）、

1.4mol/L NaCl、2％ CTAB、20mmol/L EDTA、1.0％ β-巯基乙醇]，充分混匀，然后置于 65℃ 水浴中保温 20～30min，其间颠倒混匀 3～4 次。

（2）水浴完成后，取出离心管，每管加入等体积氯仿—异戊醇（体积比 24∶1）混合液，轻轻来回颠倒混匀，至不分层为止。

（3）配平，4 000r/min、16℃ 下离心 10min 后，将上清液转入 50mL 离心管中。

（4）加入等体积的氯仿—异戊醇，来回轻轻颠倒，混匀。

（5）配平，10 000r/min、4℃ 下离心 10min 后，转上清液于 50mL 离心管中，加入 2/3 体积的冰冻异丙醇，轻轻颠倒数次，可见成团的 DNA。

（6）钩出 DNA 放入 1.5mL Eppendorf 管中，用 70％ 乙醇浸 2～3h，中间换 2～3 次。

（7）室温风干，让乙醇尽可能挥发完全，加入 700μL TE，低温下使 DNA 完全溶解。

（8）加入 10mg/mL RNase 液 15μL，37℃ 水浴 30min。

（9）加入等体积的苯酚—氯仿（体积比 1∶1），10 000r/min、4℃ 离心 10min 抽提 1 次，得上清液；再加入等体积的氯仿—异戊醇，10 000r/min、4℃ 离心 10min 抽提 2 次，得上清液。

（10）加入 1/10 体积 3mol/L NaAc、2 倍体积冰冷无水乙醇，轻轻混匀，挑出纯化后的 DNA，风干后加 100μL TE（pH 8.0）溶解，−20℃ 下保存待用。

1.2.2.3　DNA 的检测和电泳

（1）使用紫外分光光度计检测 DNA 纯度和浓度。将 DNA 提取液稀释 100 倍，用 756P 紫外可见分光光度计测定其在波长 260nm 和 280nm 下的吸收值，OD_{260}/OD_{280} 在 1.8～1.9 为高纯度 DNA，大于 1.9 则有 RNA 污染，小于 1.8 说明有蛋白质污染。核酸浓度按以下公式计算：

$$DNA 浓度（ng/μL）＝OD_{260}×50×稀释倍数$$

（2）琼脂糖凝胶电泳检测 DNA。取所提 DNA 溶解液 5μL，加 1μL 上样缓冲液，用 1.0% 琼脂糖凝胶（含 0.5mg/L 溴化乙啶）电泳分离，电泳缓冲液为 0.5×TAE，电泳于 DYY‑6C 型电泳仪上进行（电压 6V/cm），待溴酚蓝迁移至胶的 2/3 处停止电泳，取出凝胶在紫外透射分析仪上观察结果并照相。

1.2.2.4 PCR 体系的建立及检测

PCR 反应体系：20μL 体系中含 Taq DNA 聚合酶 1.5U，dNTPs 0.3mmol/L，引物各 0.25μmol/L，Mg^{2+} 2.25mmol/L，模板 DNA 40ng，1×PCR 缓冲液。在 94℃ 预变性 6min 后，扩增 35 次循环，每次循环包括 94℃ 变性 60s，56℃ 退火 90s，72℃ 延伸 90s，最后一次循环后 72℃ 延伸 10min。对扩增产物进行 1.0% 琼脂糖凝胶电泳，EB 染色观察。

1.2.3 利用荧光原位杂交技术对外源 *CpTI* 基因在苹果染色体初步定位

1.2.3.1 供试探针

采用 *CpTI* 基因标记探针，由本实验室制备。

1.2.3.2 试剂盒

试剂盒 Dig DNA Labeling and Detection Kit、Dig‑Nick Translation Mix 和 Anti‑Digoxigenin‑Fluorescein 购自 Roche 公司。

1.2.3.3 常用试剂配制

（1）20×SSC：用 800mL 去离子水溶解 175.3g 氯化钠、88.2g 柠檬酸三钠，用盐酸调 pH 至 7.0，定容至 1 000mL，$1.034×10^5$ Pa 下灭菌 20min。

（2）2×SSC：100mL 20×SSC、900mL 去离子水。

（3）10×PBS（Phosphate buffered saline）：137mmol/L 氯化钠、2.7mmol/L 氯化钾、10mmol/L 磷酸氢二钠、2mmol/L 磷酸二氢钾。用 800mL 去离子水溶解 8g 氯化钠、0.2g 氯化钾、1.44g 磷酸氢二钠、0.24g 磷酸二氢钾，用盐酸调 pH 至 7.4，定容至 1 000mL，100kPa 下灭菌 20min，室温保存，使用时稀释 10 倍。

（4）DAPI（4，6‑Diamidino‑2‑phenylindole）：储存液 100μg/mL，分装，−20℃ 储存，使用时用 1×PBS 稀释成所需

浓度。

（5）PI（Propidium iodide）：用 PBS 溶解配成 0.1mg/mL，−20℃储存，使用时用 1×PBS 稀释。

（6）0.01% 胃蛋白酶（Pepsin）：称取 0.01g 胃蛋白酶，加 0.1mol/L 盐酸 10mL，补水至 100mL。

（7）0.5%BSA：称 0.5g BSA，用 1×PBS 溶解定容至 100mL。

（8）荧光抗体 Anti‐Digoxigenin‐Fluorescein，Fab fragments（Roche）：将冻干粉溶于 1mL 重蒸水中，终浓度为 200μg/mL，使用时用 0.5% BSA 稀释，100μL 0.5% BSA 加入 1μL Anti‐Digoxigenin‐Fluorescein。

（9）10%（质量浓度）SDS：称取 100g SDS，加 800mL 去离子水，加热至 68℃，持续到溶解，用盐酸调 pH 至 7.2，加去离子水至 1 000mL，迅速分装，−20℃储存。

（10）50% DS（Dextran sulphate）：5g DS 加水溶解，定容至 10mL，迅速分装，−20℃储存。注意：DS 比较黏，溶解时间比较长。

（11）10mg/mL 鲑鱼精 DNA：10mg 溶解于 1mL TE（pH 8.0）中，用高压锅（9 806.65kPa）蒸 5min，使 DNA 成为 100～300bp，冰上冷却，分装，−20℃储存。

（12）1mol/L NaOH：4g NaOH 溶解于 100mL 蒸馏水中。

（13）70%甲酰胺（Formamide）：35mL 甲酰胺、5mL 20×SSC、10mL 超纯水混合均匀。

（14）Sorensen 磷酸缓冲液（pH 6.8）：

①A 液（0.067mol/L 磷酸二氢钾）。称取 KH_2PO_4 9.118g，置于容量瓶内，加蒸馏水至 1 000mL。

②B 液（0.067mol/L 磷酸氢二钠）。称取 Na_2HPO_4 9.467g，置于容量瓶内，加蒸馏水至 1 000mL。

使用时，按 A 液 51.0mL、B 液 49.0mL 混合，使 pH 为 6.8。

（15）0.075mol/L KCl 溶液：称取 5.68g KCl，溶于 1 000mL 蒸馏水中。

（16）卡诺氏固定液：按甲醇与冰乙酸的比例 3∶1 现用现配。

（17）Giemsa 母液：吉氏染色素 1.0g、甘油 66mL、甲醇 66mL。

称 Giemsa 粉 1.0g 倒入研钵内，加少量甘油研磨半小时以上，至无颗粒为止，再倾入全部甘油，充分研磨均匀后，置于 56℃温箱中保温 2h，其间每隔 20min 搅动 1 次。取出冷却，再加入 66mL 甲醇，待充分混合后，倒入棕色试剂瓶内，于冰箱中（4℃左右）保存半个月后即可使用。

（18）0.002mol/L 8-羟基喹啉：称取 0.29g 8-羟基喹啉，溶于 1 000mL 蒸馏水中。

（19）2.5%纤维素酶和 2.5%果胶酶混合液：称取纤维素酶和果胶酶各 1g，混合后加入 40mL 重蒸水，待全部溶解后过滤，倒入棕色滴瓶中，置冰箱内保存。

（20）10mg/mL RNase：将 RNase 溶于 10mmol/L Tris - HCl（pH 8.0）、5mmol/L NaCl 中，配成 10mg/mL 的浓度，100℃水浴中煮沸 15min，保存于－20℃冰箱中备用。

1.2.3.4 根尖中期染色体制片

（1）材料培养。保存的转基因试管苗先在继代培养基（MS＋ 0.5mg/L BA＋0.04mg/L NAA＋30g/L 白砂糖＋6.0g/L 琼脂）中扩繁，然后在生根培养基（1/2 MS＋0.4mg/L IBA＋1.0mg/L IAA＋20g/L 白砂糖＋6.0g/L 琼脂）中生根，当根长至 0.5～1cm 时，于上午 8：00 至 10：00 在超净工作台上将根切下，进行预处理。

（2）染色体制片。包括常规压片法制片和酶解去壁低渗法制片，具体操作如下。

常规压片法制片：

①预处理：用 0.1%秋水仙素溶液在室温下处理苹果根尖 2h。

②材料的固定：用卡诺氏（甲醇∶冰乙酸＝3∶1）固定液在 4℃下固定 2～24h。

③解离：在 1mol/L 盐酸溶液中 60℃恒温下处理 30min。

④后低渗：用蒸馏水将根冲洗干净。

⑤染色：将根尖浸入新配制的 4％铁矾水溶液中媒染 30min，将媒染的材料用流水冲 15min，再移入 0.5％苏木精溶液中染色 12～24h，然后冲洗。

⑥压片和镜检：加一滴 45％的醋酸于材料上进行压片，压片过程中注意避免气泡的产生，压片后选取典型的染色体，在 40 倍物镜及 100 倍油镜下显微照相。

酶解去壁低渗法制片：

①预处理：将取样材料放入 0.02％秋水仙素和 0.002mol/L 8-羟基喹啉（1∶1）的混合液中，于 25℃下预处理 2h。

②前低渗：将根尖放在 0.075mol/L KCl 低渗溶液中，25℃下处理 30min。

③前固定：在甲醇—冰醋酸（3∶1）固定液中低温（2～4℃）固定 2～48h。

④酶解去壁：倒去固定液，用蒸馏水将材料冲洗 3 次，加入 2.5％纤维素酶和 2.5％果胶酶（1∶1）混合液中，25℃酶解 2h。

⑤后低渗：小心地吸去酶解液，并用蒸馏水清洗 2～3 次。

⑥涂片：预先将洗净的载玻片置入无水乙醇中浸泡数小时，酒精火焰烤干。制片时，用吸管吸取 3～5 个根尖滴至载玻片上，用镊子将根尖捣碎，整个过程中使材料保持悬浮状，材料充分分散后用酒精灯火焰使材料固定。

⑦染色：将干燥后的制片放入 20∶1 的 Giemsa 染色液（用 pH 6.8 的磷酸缓冲液稀释），扣染 40min，然后用自来水冲洗晾干。

⑧镜检照相：选取典型的染色体在 40 倍物镜和 100 倍油镜下显微照相，并将分散良好、形态清晰的片子于-20℃保存备用。

1.2.3.5 探针的标记

缺刻平移标记法：在微量离心管中，加入 1μg 模板 DNA 和无菌双蒸水至终体积 16μL，再加入 4μL Dig-Nick Translation Mix，混匀并短暂离心，15℃反应 90min，之后在管中加 1μL 0.5mol/L EDTA（pH 8.0）终止反应，加热至 65℃，保温 10min。

1.2.3.6　荧光原位杂交技术参数筛选

（1）玻片的处理。载玻片和盖玻片干净与否关系到染色体的观察和杂交效果，本试验比较两种处理方式对 FISH 的影响。①新玻片直接用于染色体制片。②铬酸清洗：新玻片先在铬酸清洗液中浸泡 24h，自来水清洗后，置于无水乙醇中浸泡，用前在酒精灯上使玻片上酒精燃烧，冷却后即可用于染色体的制备。

（2）杂交液探针浓度的筛选。1μg 探针 DNA 样品加入 20μL 标记体系中，标记反应 20h 后，估测标记探针的产量约为 2μg。据此标记探针的浓度，在 20μL 杂交液体系中，加入标记探针的量分别为：0.2μL、0.5μL、1μL、1.5μL 和 2μL。

1.2.3.7　荧光原位杂交程序

（1）取出 −70℃ 下保存的染色体标本，在室温下解冻、干燥。

（2）将染色体标本在甲醇—冰乙酸（3:1）固定液中脱色后，60℃ 烤片 1h。

（3）在载玻片上加 50μL RNase，盖上盖玻片，37℃ 保温 1～2h。

（4）用尖头镊子小心地移去盖玻片，将标本放在 2×SSC 中室温洗涤 2 次，每次 5min。

（5）−20℃ 下依次用 70%、95% 和无水乙醇各脱水 5min，室温干燥。

（6）载玻片上滴加 100μL 含 0.01% 胃蛋白酶的 10mmol/L 盐酸，37℃ 保温 10～15min。

（7）用 1×PBS 洗涤 2 次，每次 5min，再用含 50mmol/L $MgCl_2$ 的 1×PBS 洗涤 5min，最后用含 50mmol/L $MgCl_2$ 和 1% 甲醛的 1×PBS 固定标本 5min。

（8）用 2×SSC 洗 2min，在含 70% 去离子甲酰胺的 2×SSC 中 70℃ 处理 3min。

（9）−20℃ 下用 70%、95% 和无水乙醇各脱水 5min，室温下充分干燥。

（10）在沸水浴中变性杂交液 5～10min，迅速置于冰上 10min。杂交液组分为：50% 去离子甲酰胺、2×SSC、10% DS、

1μg/μL 鲑鱼精 DNA 和 2～5ng/μL 探针 DNA。

（11）加 20μL 杂交液至染色体制片上，盖上盖玻片，将气泡赶净，37℃保湿皿中孵育 16～20h。

（12）杂交后的片子去掉盖玻片后依次在室温下 2×SSC 中漂洗 10min，37℃下 2×SSC 中处理 10min，室温下 2×SSC 和 1×PBS 中各漂洗 5min。之后每张片子加 50μL 羊抗地高辛—荧光素偶联物（Sheep Anti - Digoxigenin - Fluorescein，Roche）（2μg/mL），37℃保湿皿中温育 1h 后，室温下用 1×PBS 溶液振荡漂洗 3 次，各 5min。

（13）每张片子加 50μL 兔抗羊 IgG 荧光抗体（1∶10 稀释），37℃保湿皿中温育 1h 后，室温下用 1×PBS 溶液振荡漂洗 3 次，各 5min。

（14）片子在室温黑暗条件下晾干。每张制片加 20μL 2μg/mL 的 DAPI 复染。制片在 Zeiss Axioskop40 荧光显微镜下观察，用 CCD 系统和 Axiovision Imaging System 软件合成照片。

1.2.4　转基因株系抗虫性检测

1.2.4.1　棉铃虫饲养

幼虫饲养：卵布用 10％的甲醛溶液消毒 15min，置于养虫缸中孵化，待幼虫孵化后，用人工饲料喂养，培养温度为（25±2)℃，湿度为 75％～85％，光照强度为 2 000 lx，光周期为 12h 光照＋12h 黑暗；孵化温度为 26～27℃，湿度为 75％～85％。每 40d 为一个繁育周期。幼虫 3 龄前群体饲养，3 龄以后单管饲养[137]。

成虫饲养：将羽化的成虫置于 40cm×20cm×20cm 的养虫笼中，开口处以消毒纱布覆盖，成虫以 10％的蜂蜜水补充营养。成虫的饲养温度为 26～27℃，湿度为 75％～85％，光照强度为 2 000 lx，光周期为 14h 光照＋10h 黑暗[138]。

1.2.4.2　抗虫性检测

采用棉铃虫幼虫饲喂方法进行。每一批试验用来自同一卵布的幼虫，取孵化出 24h 的幼虫进行试验。被试叶片置于 7.5cm

内径的培养皿中，每皿中培养 6 头幼虫，每个株系接种 3 个培养皿，以饲喂非转基因株系叶片的棉铃虫幼虫为对照。在温度为 26℃，相对湿度为 75%～85%，光照强度为 1 000 lx，光周期为 12h 光照＋12h 黑暗的条件下培养。每隔 2d 检查一次，取出幼虫称重，记录幼虫体重及死亡情况。每天更换新叶，继续观察。共培养 10d，计算培养 10d 棉铃虫的校正死亡率[139]，对虫重的增加进行秩合检验[140]分析。

校正死亡率（%）＝（试验组死亡数－CK 死亡数)/(接种虫头数－CK 死亡数)

1.2.4.3 类胰凝乳蛋白酶活性的测定

以转 *CpTI* 基因的苹果组培苗喂食棉铃虫幼虫，被试叶片置于 7.5cm 内径的培养皿中，将孵化出 24h 的棉铃虫幼虫接种于培养皿中，每皿内接种 15 头，每个株系接种 3 个皿，以饲喂非转基因株系叶片的棉铃虫幼虫为对照。在温度为 26℃，相对湿度为 75%～85%，光照强度为 1 000 lx，光周期为 12h 光照＋12h 黑暗的条件下培养。在第 7、8、9、10d 每个株系挑出 3 头虫，冰冻于－20℃，备用。

所用试剂：

①反应底物（1mmol/L BTEE）：1mmol BTEE 溶于 1L 含 10%甲醇的 0.15mol/L NaCl 溶液中。

②反应缓冲液：0.2mol/L Tris‐HCl（pH 8.5）。

虫体内类胰凝乳蛋白酶活性的测定方法如下[141]：

①测试前取出冰冻的棉铃虫稍溶后，以 0.15mol/L NaCl 溶液在冰浴中匀浆，匀浆液 11 200r/min、4℃离心 15min，取上清液作为测试用的中肠溶液。

②取反应底物 0.5mL 加入 0.5mL 含中肠酶液的 0.2mol/L 反应缓冲液中，反应 30min 后在 256nm 下测光吸收值。

③蛋白酶的水解能力由水解 BTEE 量来表示。BTEE 相对分子质量为 313.4，摩尔吸收值为 964。

水解 BTEE 量 $[\mu mol/(mg \times min)]$＝1 000A$_{256}$/BTEE 摩尔

吸收值×BTEE 相对分子质量×反应时间。

将饲喂转基因组培苗的棉铃虫体内第 7、8、9、10d 类胰凝乳蛋白酶活性与对照进行比较，秩合检验确定其差异显著性。

1.2.5　外源 *CpTI* 基因在 mRNA 水平表达研究

1.2.5.1　DEPC 处理水及器皿

DEPC 处理水：取新制备的双蒸水，配制成 0.1% DEPC 溶液，充分摇匀，37℃放置 2h 或室温放置过夜，于 121℃高压蒸汽灭菌 15min。

DEPC 处理器皿：将用于制备 RNA 相关实验的研钵、离心管、枪头、药勺及各种玻璃器皿，浸泡于 0.1% DEPC 溶液中，37℃放置 2h 或室温放置过夜，于 121℃高压蒸汽灭菌 15min。

用于 RNA 电泳的电泳槽和梳子的处理：用去污剂清洗电泳槽和梳子后，用水冲洗，再装满 3% H_2O_2 溶液，室温下处理 10min 后，用 0.1% DEPC 处理过的水彻底清洗。

1.2.5.2　引物

合成 cDNA 第一链所用引物可采用设计的特异性引物，也可采用 oligo（dt）或随机引物。本试验采用 oligo（dt）进行合成试验，oligo（dt）如下所示：

5′ TTTTTTTTTTTTTTTTTTTTTTTTC 3′

特异引物购自宝生物工程（大连）有限公司，其序列分别为：

上游引物　　5′ GATGATGGTGCTAAAGGTGT 3′
下游引物　　5′ CTTACTCATCATCTTCATCC 3′

1.2.5.3　RNA 提取

采用 TRIquick Reagent 试剂盒法提取，其过程如下：

（1）取 0.1g 新鲜叶片，液氮下充分研磨，将研磨后的粉末迅速加入 1mL TRIquick 中，颠倒混匀。

（2）室温放置 5min，使得核酸蛋白复合物完全分离。

（3）4℃、12 000r/min 离心 10min，取上清液。

（4）向匀浆样品中加入 0.2mL 氯仿，盖好管盖，剧烈振荡 15s。

（5）4℃、12 000r/min 离心 10～15min，取上清液。加 1mL 75％乙醇洗涤沉淀。加入适量 DEPC 溶液，沉淀溶解后－70℃ 保存。

（6）在上清液中加入等体积冰冷的异戊醇，混匀，室温放置 10～20min。

（7）4℃、12 000r/min 离心 10min，去上清液。离心前 RNA 沉淀经常是看不见的，离心后在管侧和管底形成胶状沉淀。

（8）加入 1mL 75％乙醇（用 RNase - free 水配制）洗涤沉淀。

（9）4℃、7 000r/min 离心 5min，弃上清液。

（10）室温放置晾干（不要晾得过干，RNA 完全干燥后会很难溶解，晾干 1～2min 即可），加入 30～100μL RNase - free 水，充分溶解 RNA。

（11）RNA 样品于－70℃下保存。

1.2.5.4 mRNA 差异显示

（1）cDNA 第一链合成[142]。

①在 0.2mL Eppendorf 管中加入总 RNA，10μmol/L 引物，补水至 12.5μL，短暂离心，65℃变性 5min，迅速置于冰上冷却。

②再加入 RNase Inhibitor（40U/μL）0.5μL，10mmol/L dNTP 2.0μL，200U/μL M - MLV 1.0μL，5×RT 缓冲液 4.0μL。

③轻轻吸打混合液至混匀，短暂离心，37℃保温 1h。

④95℃放置 5min，终止反应。

⑤将离心管放于冰上，1.2％琼脂糖凝胶电泳检测反转录产物。

（2）PCR 扩增[142]。10×缓冲液 2.5μL、2.5mmol/L dNTPs 2.0μL、25mmol/L Mg^{2+} 1.5μL、上游引物 1.0μL、下游引物 1.0μL、cDNA 模板 3.0μL、5U/μL Taq 酶 0.3μL，补水至 25μL。

混匀后，按如下 PCR 程序进行扩增：

在 94℃预变性 2min 后，扩增 30 次循环，每次循环包括 94℃变性 50s，55℃退火 50s，72℃延伸 100s，最后一次循环后 72℃延伸 10min，4℃保温。

（3）琼脂糖凝胶电泳。具体见 1.2.2.3。

（4）特异 cDNA 片段的回收和检测。

①在紫外灯下仔细切下含有目的 DNA 的琼脂糖凝胶，用纸巾吸尽凝胶表面的液体。此时应注意尽量切除不含目的 DNA 部分的凝胶，尽量减小凝胶体积，提高 DNA 回收率。注意不要将 DNA 长时间暴露在紫外灯下，以防止 DNA 损伤。

②切碎胶块。胶块切碎后可以加快步骤⑤的胶块融化，提高 DNA 的回收率。

③称量胶块的重量，计算胶块体积。计算胶块体积时，以 1mg＝1μL 进行计算。

④向胶块中加入胶块融化液 DR‐Ⅰ缓冲液，DR‐Ⅰ缓冲液的加入量为 5 个凝胶体积量。

⑤均匀混合后 75℃加热融化胶块。此时应间断振荡混合，使胶块充分融化（约 6～10min）。注意胶块一定要充分融化，否则将会严重影响 DNA 的回收率。

⑥向上述胶块融化液中加入 DR‐Ⅰ缓冲液 1/2 体积量的 DR‐Ⅱ缓冲液，均匀混合，同时加入终浓度为 20％的异丙醇。

⑦将试剂盒中的 Spin Column 安置于 Collection Tube 上。

⑧将上述操作⑥的溶液转移至 Spin Column 中，12 000r/min 离心 1min，弃滤液。

⑨将 500μL Rinse A 加入 Spin Column 中，12 000r/min 离心 30s，弃滤液。

⑩将 700μL Rinse B 加入 Spin Column 中，12 000r/min 离心 30s，弃滤液。

⑪重复操作步骤 10。

⑫将 Spin Column 安置于新的 1.5mL 离心管上，在 Spin Column 膜的中央加入 25μL 的灭菌蒸馏水或洗脱缓冲液，室温静置 1min。把灭菌蒸馏水或洗脱缓冲液加热至 60℃使用时有利于提高洗脱效率。

⑬12 000r/min 离心 1min 洗脱 DNA，储于－20℃备用。

⑭将回收产物的 1/10 在 1％琼脂糖凝胶上检测，如回收产

物纯度和回收率高，则可用于下面的反应。

（5）PCR 产物的克隆和测序。将检测的回收产物连接到 pMD18-T Vector 上进行大肠杆菌转化，通过抗生素和蓝白斑筛选，挑选阳性克隆进行 PCR 鉴定，对含有正确插入片段的阳性克隆进行测序。具体步骤如下：

①DNA 片段的连接。连接反应用 pMD18-T Vector 载体（宝生物公司），具体操作如下：

A. 在灭菌的微量离心管中，分别加入以下成分：pMD18-T Vector 1μL、目的 DNA 片段 4μL、SolutionⅠ 5μL。

B. 混匀后离心 10s。

C. 16℃下反应 30min。

②转化。

A. 转化所需试剂：

X-gal 储液（20mg/mL）：将 200mg X-gal 溶于 10mL 二甲基甲酰胺，配成 20mg/mL 储液，分装于 1.5mL 离心管中，用铝箔包好，于−20℃避光保存。

IPTG 储液（200mg/mL）：将 200mg IPTG 溶于 1mL 超纯水中，用 0.22μm 滤膜过滤除菌，分装于 1.5mL 离心管中，−20℃保存。

氨苄西林储液（100mg/mL）：10mL 蒸馏水中溶解 1g 氨苄西林后，用 0.22μm 滤膜过滤除菌，分装于 1.5mL 离心管中，储存于−20℃。

在事先制备好的含 50mg/L Amp 的 LB 平板表面加入 40μL X-gal 储液和 4μL IPTG，用无菌棒涂匀，室温下放置 3～4h。

LB 液体培养基：Tryptone 10g、Yeast Extract 5g、NaCl 10g，加蒸馏水定容至 1L，pH 7.0，高压蒸汽灭菌，待培养基温度降至 60℃以下，加入抗生素备用。

LB 固体培养基：在 1L LB 液体培养基中加入 15g 琼脂后高压蒸汽灭菌，抗生素加入方法同上。

B. 转化：

从−80℃冰箱中取出感受态细胞，置冰上 30min 缓缓解冻。

全量（10μL）加入 100μL JM109 感受态细胞中，冰中放置 30min。

42℃加热 45s 后，再在冰中放置 1min。

加入 890μL LB 培养基（含 Amp），于 37℃摇床上以 100r/min 振荡培养 60min，使细菌复苏，并且表达质粒编码的抗生素抗性标记基因。

以每皿 200μL 菌液涂布于含有 X‐gal（40μg/mL）、IPTG（50μg/mL）、Amp（100μg/mL）的 LB 固体培养基上，静置 30min，使培养基充分吸收菌液，然后 37℃倒置培养过夜，待出现明显单菌落时取出。

放入 4℃冰箱数小时，使蓝白斑颜色分明。

③挑白斑。用接菌针挑取白色菌斑，放于装有 10mL LB 液体培养基（含 50μg/mL Amp）的试管中，37℃摇菌过夜。

④重组质粒的 PCR 鉴定。

取 1mL 菌液于 1.5mL 离心管中，10 000r/min 离心 3min，弃去上清液。

每管中加 100μL 去离子水，重悬菌体，煮沸 3min，10 000r/min 离心 3min。

取 1μL 上清液作为模板，对 20μL 体系进行 PCR 扩增。PCR 扩增体系和扩增条件同 1.2.2.4。

扩增产物用 1%琼脂糖凝胶电泳检测插入片段的大小，选择阳性克隆进行测序。

⑤DNA 测序。将通过 PCR 法筛选和鉴定的阳性克隆菌液送至上海生工生物工程公司进行测序。

⑥同源性检索。将差异表达片段的测序结果用 GenBank 中的 BLASTN 进行 Blast（nr）和 Blast（x）比较。

1.2.6　转基因植株叶片蛋白毛细管区带电泳

1.2.6.1　叶片蛋白质提取

选取转 *CpTI* 基因苹果组培苗为试验材料，继代一个月后取嫩叶、嫩茎实验用。采用改良丙酮沉淀提取法[143]：

（1）取 1g 新鲜叶片放入研钵中，加入 3 体积蛋白提取液，加入 0.1g PVP，在冰上研磨至匀浆。

（2）转入 10mL 离心管中冰浴振摇浸提 1h。

（3）4℃、12 000r/min 离心 20min，转移上清液于另一离心管中。

（4）加入 3 体积－20℃预冷的丙酮，－20℃沉降 30min。

（5）4℃、12 000r/min 离心 10min，倒出上清液，留底部沉淀。

（6）用－20℃预冷的 80％丙酮冲洗沉淀，真空干燥。

（7）待丙酮挥发完毕后加入 300μL 上样缓冲液，溶解 2h。

（8）4℃、12 000r/min 离心 10min，取上清液，即待用蛋白溶液。

蛋白提取液：65mmol Tris－HCl（pH 6.8）、0.5％ SDS、10％甘油、5％ β-巯基乙醇。

蛋白溶解缓冲液：0.05mol/L 硼酸缓冲液，pH 8.0。

1.2.6.2 毛细管区带电泳

电泳所用溶液如下：电极缓冲液（0.4％硼酸、0.3％硼砂），上样缓冲液（pH 8.3、0.05％硼砂），清洗液（0.1mol/L 盐酸、0.1mol/L 氢氧化钠）。

样品溶解及浓度：1g 鲜样溶于 2mL 上样缓冲液中，浓度为 0.25μg/μL。

上样前和上样间隔期间的清洗程序：H_2O 洗→酸洗→碱洗→H_2O 洗→缓冲液洗→进样→分离。

石英毛细管规格为 70cm×60μm，样品浓度为 0.25μg/μL。电泳程序：电泳电压为 20kV，3.3kPa 下进样 5s，温度为 25℃，电泳时间为 17min，电泳波长 280nm 下检测蛋白质区带。

以上试验在河北省农林科学院昌黎果树研究所苹果改良中心实验室完成。

2 结果与分析

2.1 外源基因在常规离体继代培养植株中的稳定性

2.1.1 *npt* Ⅱ 基因的卡那霉素抗性检测

npt Ⅱ 标记基因可使转化植株产生对卡那霉素的抗性。苹果组培苗新梢在含有 50mg/L 卡那霉素的继代培养基中生长 30d 后，非转基因的对照组培苗叶片全部白化，转基因嘎拉、富士及乔纳金组培苗全部生长正常，未出现白化或花叶现象，而转基因王林中除转化株系 48、49 表现出新生叶片花叶现象外，其他株系生长正常（附图 1）。这说明标记基因 *npt* Ⅱ 在嘎拉、富士和乔纳金常规继代培养的转化株系中稳定存在并可以正常表达；而王林 2 个转化株系出现的花叶现象可能是因为 *npt* Ⅱ 酶表达量偏低，也可能是转基因植株在继代培养过程中发生了变异，导致 *npt* Ⅱ 基因表达发生变化。

2.1.2 外源 *CpTI* 基因的 PCR 检测

采集继代培养 6～8 年的转基因苹果组培苗的 60 个株系叶片，测定外源 *CpTI* 基因的存在情况。以 *CpTI* 基因的一对特异引物进行扩增，从 60 个株系中均可以得到一条均一的条带，片段大小在 300～400bp，而以非转基因苹果组培苗总 DNA 为模板扩增，没有检测到该特征带（图 2-1）。因此认为转基因苹果在组织培养条件下，常规继代培养 6～8 年后，外源 *CpTI* 基因在转基因植株中具有较强的稳定性。

2.2 外源 *CpTI* 基因在田间转基因苹果中的稳定性研究

2.2.1 外源 *CpTI* 基因在田间转基因苹果叶片中的稳定性检测

采集田间转基因苹果 43 个株系的叶片，提取 DNA，以 *CpTI* 质粒为阳性对照，非转化田间植株基因组 DNA 为阴性对照，进行 PCR 扩增，结果所有转化株系均得到明显的特异性条带，片段大小 326bp，阴性对照没有检测到该特征带（表 2-1、

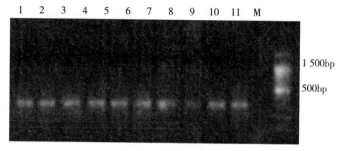

1：阳性对照（*CpTI* 质粒） 2：转化株系 1 3：转化株系 2 4：转化株系 10 5：转化株系 32 6：转化株系 34 7：转化株系 47 8：转化株系 50 9：转化株系 56 10：转化株系 60 11：阴性对照（未转化的苹果组培苗） M：100bp DNA 标记

图 2-1 部分转基因苹果组培苗株系 PCR 电泳

图 2-2）。这说明转基因苹果在自然环境条件下，外源 *CpTI* 基因能在转基因植株叶片中稳定存在，这为转基因苹果应用于生产提供了理论依据。

表 2-1 田间转基因植株叶片外源 *CpTI* 基因 PCR 检测结果

单位：个

品种	检测株系数	PCR 阳性株系数	PCR 阴性株系数
嘎拉	39	39	0
王林	3	3	0
富士	1	1	0

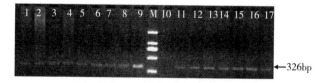

M：2 000bp 标记 1~8，11~14：嘎拉转化株系 15~16：王林转化株系 17：富士转化株系 9：*CpTI* 质粒 10：非转基因植株

图 2-2 部分田间转基因植株叶片 PCR 电泳

2.2.2 外源 *CpTI* 基因在田间转基因苹果根系中的稳定性检测

提取田间转基因苹果 43 个株系的根系 DNA，进行 PCR 扩增检测。结果如表 2-2 所示，所试王林 3 个株系、富士 1 个株系均表现 PCR 阳性，所试嘎拉 39 个株系中有 2 个株系未显示 *CpTI* 基因的特异性条带（图 2-3），PCR 阳性率 94.9%。这说明外源 *CpTI* 基因在极少部分田间苹果转基因植株根系中有丢失，有可能是不定根诱导过程中造成外源基因丢失。

表 2-2 田间转基因植株根系 PCR 检测结果

单位：个

品种	检测株系数	PCR 阳性株系数	PCR 阴性株系数	PCR 阳性率（%）
嘎拉	39	37	2	94.9
王林	3	3	0	100
富士	1	1	0	100

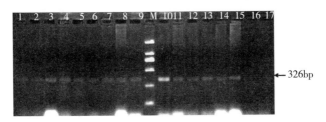

M：2 000bp 标记　1~9，11~16：嘎拉转化株系　10：*CpTI* 质粒
17：非转基因嘎拉

图 2-3 部分田间转基因植株根系 PCR 电泳

2.2.3 外源 *CpTI* 基因在田间转基因苹果花粉中的稳定性检测

采集转基因嘎拉苹果 29 个株系的花粉，以非转基因嘎拉苹果花粉为对照，用 *CpTI* 引物对提取 DNA 进行 PCR 扩增，结果有 26 个株系得到特异性条带，另 3 个株系未检测出该基因，说明花粉具有一定的将外源 *CpTI* 基因遗传给后代的能力（图 2-4）。

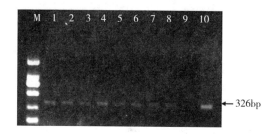

M：2 000bp 标记　1～8：嘎拉转化株系　9：非转基因嘎拉
10：*CpTI* 质粒

图 2-4　部分田间转基因植株花粉 PCR 电泳

2.2.4　外源 *CpTI* 基因在田间转基因苹果果实中的稳定性检测

采集转基因嘎拉植株果实，提取果肉 DNA，PCR 扩增检测外源 *CpTI* 基因的存在情况。结果表明（图 2-5），26 个果肉 DNA 样品中，22 个含有外源 *CpTI* 基因，4 个样品未检测到此基因，说明在转基因植株果肉中可检测到外源 *CpTI* 基因存在。

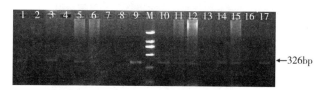

M：2 000bp 标记　1～7，10～17：嘎拉转化株系　8：非转基因嘎拉
9：*CpTI* 质粒

图 2-5　部分田间转基因植株果肉 PCR 电泳

2.3　外源 *CpTI* 基因在苹果细胞核上的杂交

2.3.1　苹果染色体制片技术体系的建立

2.3.1.1　常规压片法与去壁低渗法制片效果的比较

目前常用的植物染色体制片方法有常规压片法和去壁低渗法。常规压片法操作简单，苏木精对于各种植物的染色体均能染上较深的颜色，特别是对染色体较小的材料，或染色体较多而不

易分散的材料染色效果更好。但容易出现细胞质染色过深，染色体与细胞质反差小，不易于照相。同时由于细胞壁的存在，染色体分散不完全，染色体易重叠。由于苹果染色体数目较多（$2n=34$），染色体较小，试验中利用常规压片法较难做出染色体分散清晰的制片（附图 2）。

去壁低渗法是利用前低渗先使细胞吸水膨胀，再用酶去细胞壁，同时利用表面张力使染色体自行铺张。用 Giemsa 染色获得的染色体形态比较完整均一且着色深，各组成部分比较清楚，背景颜色浅，利于对染色体的测量、分析及原位杂交。利用该方法得到了背景较为干净、分散较好的苹果染色体制片（附图 2）。

2.3.1.2　去壁低渗法相关因子的研究

为了获得较多的分散良好、形态清晰的典型中期染色体分裂相，根据前人的报道，对材料的预处理和去壁低渗制片过程中的一些相关因子对制片质量的影响进行了研究。

固定时间试验表明，材料的固定时间从 4h 至 48h 不等。若少于 4h，材料固定不彻底，这将影响下一步的酶解效果。固定越彻底，酶解越容易，效果越好，否则不但浪费酶液，而且需加长酶解时间，不易把握酶解时间。

酶解时间试验表明，以苹果根尖为材料，25℃酶解 2～3h 可完全去掉细胞壁，染色体分裂相细胞质较淡，背景干净。

综合上述研究结果确定适宜苹果染色体制片的技术体系为：①根长 0.5～1cm 取材；②25℃下 0.02％秋水仙素和 0.002mol/L 8-羟基喹啉（1∶1）混合液处理 2h；③25℃下 0.075mol/L KCl 溶液中处理 30min；④2～4℃下甲醇—冰醋酸（3∶1）固定液固定 4～48h；⑤蒸馏水冲洗 3 次；⑥25℃下 2.5％纤维素酶和 2.5％果胶酶（1∶1）混合液酶解 2h；⑦蒸馏水清洗 2～3 次；⑧涂片；⑨20∶1 的 Giemsa 染色液扣染 40min；⑩镜检。

2.3.2　荧光原位杂交技术参数筛选

2.3.2.1　玻片对 FISH 杂交效率的影响

试验中发现新买的玻片往往带有很多不易察觉的油污，易导致染色体在处理过程中脱落。而用铬酸洗液清洗后再经酒精浸泡后用于制备染色体标本，在染色体标本预处理过程中，经过烤片以及固定等步骤以后，能很好地防止染色体的脱落。

2.3.2.2 探针浓度对 FISH 杂交效率的影响

研究结果表明，在 $20\mu L$ 杂交体系中，当标记的探针用量为 $0.2\sim1.5\mu L$ 时，随着探针用量的增加，杂交效率也增加；但当探针用量增加至 $2\mu L$ 时，背景信号大大增强。本试验选用 $1\mu L$ 探针用量。

2.3.3 苹果FISH体系的初步建立

基于苹果 FISH 技术参数的筛选结果，本研究在后续染色体制片的预处理和杂交后检测的过程中，均采用如下的技术流程：

①染色体制片 60℃烤片 1h；②RNaseA 37℃保温 1h；③2×SSC 室温下洗片 3×5min；④−20℃下 70%、95%乙醇和无水乙醇脱水各 5min，室温干燥；⑤用甲醇—冰醋酸（3：1）固定 10min，室温干燥；⑥0.01%胃蛋白酶 37℃温育 10min；⑦1×PBS 洗涤 2×5min；⑧含 50mmol/L $MgCl_2$ 的 1×PBS 洗涤 5min；⑨含 50mmol/L $MgCl_2$ 和 1%甲醛的 1×PBS 固定标本 5min；⑩2×SSC 洗 2min；⑪70%去离子甲酰胺 70℃变性 3min；⑫20℃下 70%、95%乙醇和无水乙醇中各处理 5min，室温干燥；⑬沸水浴探针杂交液变性 8min，迅速冰浴 10min；⑭37℃保湿皿中孵育 16～20h；⑮室温 2×SSC 洗 10min；⑯37℃或室温 2×SSC（含 30%甲酰胺、0.2% Tween 20）洗 10min；⑰室温 2×SSC 和 1×PBS 中各洗 5min；⑱抗体检测；⑲DAPI 复染；⑳镜检。

2.3.4 外源 *CpTI* 基因在苹果细胞核上的杂交

采用上述建立的荧光原位杂交技术流程，以地高辛标记 *CpTI* 探针，与转基因嘎拉苹果株系 32 的细胞核进行荧光原位杂交，用 DAPI 复染，细胞核为红色，探针信号为绿色。在转化株系 32 的细胞核中检出了绿色信号，表明外源基因整合到了转基因苹果的基因组中（附图 3）。在对照嘎拉细胞核中未检测到杂交信号。

2.4 转基因植株抗虫株系的筛选

2.4.1 不同转化株系抗虫性分析

利用转化株系叶片饲喂棉铃虫幼虫，通过调查幼虫生长发育状况，研究了苹果不同转化株系间抗虫性状，结果表明不同转化株系间抗虫性存在明显差异。供试的 46 个嘎拉转化株系中，校正死亡率为正值的株系有 21 个，分别为 2、4、8、9、10、11、12、13、16、17、19、21、24、27、31、32、33、34、36、39、43（表 2-3）。其中校正死亡率大于或等于 50% 的株系有 8 个，分别为 2、12、19、32、27、34、31、39，最高虫试校正死亡率达 100%，为株系 32。并且喂食株系 27、31、32 的虫重与对照虫重相比，经秩合检验分析差异显著。

表 2-3 饲喂嘎拉转化株系叶片对棉铃虫生长及存活的影响

株系	虫重（mg/头）				均死亡数	校正死亡率（%）
	第 1d	第 4d	第 7d	第 10d		
1	0.08	1.46	13.98	60.10	3.00	0
2	0.08	0.75	4.03	43.60	5.00	57.08
3	0.08	1.18	10.63	48.33	3.67	—
4	0.08	1.12	11.60	60.83	4.00	14.16
7	0.08	0.97	8.07	63.03	3.67	—
8	0.08	0.98	11.87	73.50	4.33	28.47
9	0.08	1.33	13.57	105.50	4.33	28.47
10	0.08	1.29	12.67	84.87	4.00	14.16
11	0.08	0.58	11.43	56.43	4.00	14.16
12	0.08	1.44	9.20	60.15	5.00	57.08
CK1	0.08	1.09	16.97	92.10	3.67	
5	0.08	2.75	11.57	34.60	3.67	0
6	0.08	1.56	12.13	76.50	3.33	0
13	0.08	1.58	19.03	35.43	4.33	16.67

外源 *CpTI* 基因在转基因苹果中的表达及特性

（续）

株系	虫重（mg/头）				均死亡数	校正死亡率（%）
	第1d	第4d	第7d	第10d		
14	0.08	2.10	12.93	75.10	3.67	—
15	0.08	1.62	9.23	57.95	3.33	—
16	0.08	2.36	18.60	121.03	4.33	16.67
19	0.08	2.02	21.13	60.30	5.00	50.00
20	0.08	2.71	17.53	89.03	3.33	—
21	0.08	1.94	8.70	67.30	4.67	33.33
22	0.08	2.20	17.83	94.37	3.67	—
23	0.08	1.23	8.50	42.95	4.00	0
25	0.08	1.17	10.53	70.07	3.33	—
26	0.08	1.37	10.63	98.97	3.67	—
CK1	0.08	2.03	21.70	129.70	4.00	
27	0.08	1.18	8.60	11.60	5.67	58.94
28	0.08	1.00	10.20	37.60	4.00	—
29	0.08	1.87	14.37	57.67	4.00	—
32	0.08	1.96	8.00	0	6.00	100.00
33	0.08	1.23	8.60	32.20	5.00	24.81
34	0.08	1.83	11.50	34.00	5.67	58.94
35	0.08	2.50	17.50	59.40	4.67	—
36	0.08	1.80	8.35	54.70	5.33	49.87
37	0.08	2.17	14.70	89.75	4.67	—
CK1	0.08	3.33	23.47	115.23	4.67	
17	0.07	1.02	7.27	62.17	4.67	42.60
18	0.07	1.47	19.27	133.67	3.33	—
24	0.07	0.85	5.73	47.67	4.33	28.47
30	0.07	1.17	19.28	176.67	3.67	—
31	0.07	0.90	9.07	11.67	5.67	85.69

（续）

株系	虫重（mg/头）				均死亡数	校正死亡率（%）
	第 1d	第 4d	第 7d	第 10d		
38	0.07	1.43	32.90	266.17	3.67	0
39	0.07	1.87	11.17	65.17	5.00	57.08
40	0.07	1.32	23.40	135.67	3.67	0
41	0.07	0.86	36.62	187.50	3.67	0
42	0.07	1.28	29.27	185.00	3.33	—
43	0.07	1.58	23.33	93.33	4.33	28.47
44	0.07	1.25	19.27	105.50	3.33	—
45	0.07	1.07	21.80	205.33	3.67	—
46	0.07	1.20	17.27	131.67	3.67	—
CK1	0.07	1.33	16.27	86.80	3.67	

注："—"为负值。

从表 2-4 中可以看出，王林转化株系中校正死亡率为正值的株系有 4 个，分别为 47、50、51、55，其中大于或等于 50% 的株系有 2 个，为株系 50、51，最高虫试校正死亡率达 100%，为株系 51。并且喂食株系 51 的虫重与对照虫重相比，经秩合检验分析差异显著。

表 2-4 饲喂王林转化株系叶片对棉铃虫生长及存活的影响

株系	虫重（mg/头）				均死亡数	校正死亡率（%）
	第 1d	第 4d	第 7d	第 10d		
47	0.07	1.47	11.60	60.17	4.33	16.67
48	0.07	1.53	9.70	71.67	3.67	—
49	0.07	0.98	11.17	71.00	3.67	—
50	0.07	1.80	9.70	28.33	5.33	66.67
51	0.07	1.57	4.07	0	6.00	100.00
52	0.07	0.87	12.13	59.80	3.00	—
53	0.07	0.57	13.17	79.67	3.33	—

（续）

株系	虫重（mg/头）				均死亡数	校正死亡率（%）
	第 1d	第 4d	第 7d	第 10d		
54	0.07	1.22	14.67	80.67	4.00	0
55	0.07	1.13	11.43	63.17	4.33	16.67
CK2	0.07	1.80	19.30	88.97	4.00	

注："—"为负值。

　　用转 *CpTI* 基因乔纳金叶片饲喂幼虫时（表 2-5），校正死亡率为正值的株系有 2 个，分别为 56、58，株系 56 校正死亡率最高，为 50%。各处理虫重与对照虫重秩合检验分析差异不显著。

表 2-5　饲喂乔纳金转化株系叶片对棉铃虫生长及存活的影响

株系	虫重（mg/头）				均死亡数	校正死亡率（%）
	第 1d	第 4d	第 7d	第 10d		
56	0.07	1.87	7.07	59.33	5.00	50.00
57	0.07	1.73	11.00	129.83	3.67	—
58	0.07	1.03	9.59	89.00	4.33	16.67
CK3	0.07	0.73	60.68	126.67	4.00	

注："—"为负值。

　　用转 *CpTI* 基因富士叶片饲喂幼虫时，结果如表 2-6 所示，校正死亡率为正值的为株系 59，校正死亡率为 33.33%。虫重秩合检验分析差异不显著。

表 2-6　饲喂富士转化株系叶片对棉铃虫生长及存活的影响

株系	虫重（mg/头）				均死亡数	校正死亡率（%）
	第 1d	第 4d	第 7d	第 10d		
59	0.07	1.47	7.03	72.00	4.67	33.33
60	0.07	1.53	11.00	95.83	3.33	—
CK4	0.07	2.80	24.13	117.17	4.00	

注："—"为负值。

2.4.2　不同转化株系对棉铃虫体内类胰凝乳蛋白酶活力的影响

　　用非转基因嘎拉叶片饲喂幼虫,蛋白酶活力从第 7d 到第 9d 一直呈上升趋势,从第 9d 开始下降(图 2-6)。用转基因嘎拉叶片饲喂幼虫,经秩合检验分析,喂食株系 4、10、12、32、39、43 叶片的虫体内蛋白酶活力与对照相比差异显著,其中喂食株系 4 叶片的棉铃虫体内的蛋白酶活力从第 8d 开始就呈缓慢下降趋势,喂食株系 10、12 叶片的棉铃虫体内的蛋白酶活力在第 7d 就呈现出下降趋势,说明株系 4、10、12 有显著抑制幼虫生长发育的作用。喂食株系 13~24 叶片的虫体内蛋白酶活力与对照相比没有差异,表明株系 13~24 没有抑制幼虫生长发育的作用。喂食株系 32 叶片的棉铃虫体内的蛋白酶活力从第 7d 到第 9d 呈一直线,第 9d 到第 10d 显著下降,说明株系 32 有较强的抑制幼虫生长发育的作用。喂食株系 39 叶片的虫体内的蛋白酶活力从第 7d 到第 10d 几乎没有上升和下降过程,蛋白酶活力水

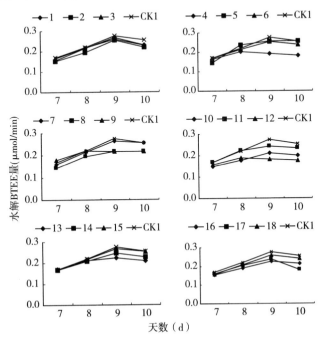

天数（d）

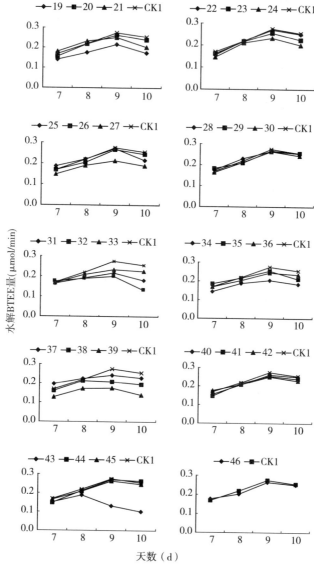

图 2-6　喂食嘎拉转化株系叶片的棉铃虫体内
类胰凝乳蛋白酶活力的变化

平没有变化；喂食株系 43 的虫体内的蛋白酶活力与对照相比，从第 8d 开始显著下降，下降趋势明显，表明株系 39、43 能明显抑制幼虫的生长发育。喂食其余株系叶片的棉铃虫的蛋白酶活力与对照相比无差异，说明这些株系没有抑制幼虫生长发育的作用。

用非转基因王林叶片饲喂幼虫，蛋白酶活力从第 7d 到第 9d 一直呈上升趋势，从第 9d 开始下降（图 2-7）。用转基因王林叶片饲喂幼虫，喂食株系 47、50 叶片的虫体内蛋白酶活力在各个点均低于对照，与对照差异显著，并且都从第 8d 开始显著下降，下降趋势显著，表明株系 47、50 有显著抑制幼虫生长发育的作用。喂食株系 48、49、51、52、53、54、55 叶片的虫体内蛋白酶活力与对照相比无差异，表明这些株系没有抑制幼虫生长发育的作用。

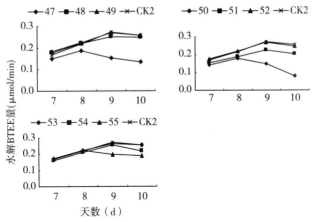

图 2-7　喂食王林转化株系叶片的棉铃虫体内
类胰凝乳蛋白酶活力的变化

在图 2-8 中，用非转基因乔纳金叶片饲喂幼虫，蛋白酶活力从第 7d 到第 9d 一直呈上升趋势，从第 9d 开始下降。用转基因叶片饲喂幼虫，喂食株系 56 叶片的虫体内蛋白酶活力与对照相比差异显著，从第 8d 到第 9d 蛋白酶活力水平几乎呈一直线，且都低于对照，从第 9d 开始下降，下降程度较大，表明株系 56

有较强的抑制幼虫生长发育的作用。喂食株系 57、58 叶片的棉铃虫体内蛋白酶活力与对照相比无差异。

　　如图 2-9 所示，用非转基因富士叶片饲喂幼虫，蛋白酶活力从第 7d 到第 9d 一直呈上升趋势，从第 9d 开始下降。用转基因富士叶片饲喂幼虫，喂食株系 60 叶片的虫体内蛋白酶活力与对照相比无差异，表明株系 60 没有抑制幼虫生长发育的作用。

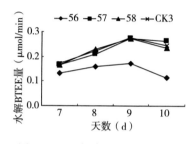 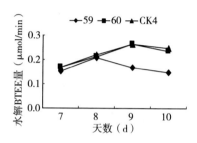

图 2-8　喂食乔纳金转化株系叶片的棉铃虫体内类胰凝乳蛋白酶活力的变化　　图 2-9　喂食富士转化株系叶片的棉铃虫体内类胰凝乳蛋白酶活力的变化

2.5　外源 *CpTI* 基因在转化株系 mRNA 水平表达

2.5.1　RNA 的提取及 cDNA 第一链的合成

　　用 TRIquick Reagent 试剂盒提取转基因苹果组培苗叶片总 RNA，在 1.2% 琼脂糖凝胶电泳图谱中，可以看出 28S rRNA、18S rRNA、5.8S rRNA 三条清晰的条带，没有 DNA 的污染，表明所提取的 RNA 样品较为完整，基本无降解，可以满足 RT-PCR 后续试验的要求。

　　以总 RNA 为模板，在逆转录酶 M-MLV 的作用下逆转录合成 cDNA 第一链，经琼脂糖凝胶电泳检测（图 2-10），检测结果表明：本试验合成的 cDNA 第一链为 100~1 500bp 的弥散性条带，带型清晰，说明提取的总 RNA 质量好，可以满足后续试验的要求。条带中的亮度差异可能是模板 RNA 浓度差异引起的，也可能是基因表达量的多少不同引起的。

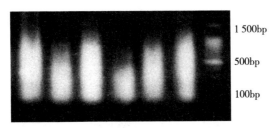

图 2 - 10　转基因嘎拉 cDNA 第一链的合成电泳结果

2.5.2　RT - PCR 检测外源基因在苹果组培苗中的表达

以 cDNA 为模板，对外源 *CpTI* 基因在 60 个苹果转化株系中的表达进行 RT - PCR 检测（图 2 - 11），结果如下：1～41，51 和 53 等 43 个转化株系在 300～400bp 得到的目的片段明亮；42～50，52，54～60 等 17 个转化株系得到的特异性目的片段亮度暗。这表明外源 *CpTI* 基因在 43 个转化株系中的 mRNA 水平表达强度较高，在其余转化株系中表达强度较低。

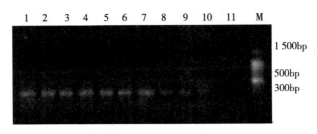

　　1：转化株系 2　2：转化株系 3　3：转化株系 4　4：转化株系 29　5：转化株系 31　6：转化株系 39　7：转化株系 51　8：转化株系 42　9：转化株系 52　10：转化株系 57　11：对照（未转化的苹果组培苗）　M：100bp DNA 标记

图 2 - 11　部分转基因苹果组培苗 RT - PCR 电泳

2.5.3　目的基因的克隆、测序和同源性比较

将转化株系 32 的 RT - PCR 产物切胶回收、纯化后与 pMD18 - T 载体进行 16℃ 连接，再热转化至 E. coli Competent Cell JM 109 中，涂布平板，过夜培养菌体。从转化平板上挑取白色单菌落，悬浮，提取质粒，特异引物进行 PCR 扩增，取

8μL PCR 扩增产物进行琼脂糖凝胶电泳检测，结果如图 2 - 12 所示，各白色单菌落均为阳性克隆，是含有标记的重组质粒。将检测的阳性克隆菌液进行测序，测序结果见图 2 - 13。

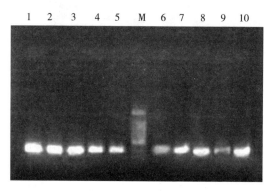

1~10：阳性克隆　M：100bp 标记

图 2 - 12　阳性克隆鉴定

1　<u>GATGATGGTGCTAAAGGTGT</u>GTGTGCTGGTACTTTTCCTTGTAGGGGTTACTACTGCAGC

61　CATGGATCTGAACCACCTCGGAAGTAATCATCATGATGACTCAAGCGATGAACCTTCTGA

121　GTCTTCAGAACCATGCTGCGATTCATGCATCTGCACTAAATCAATACCTCCTCAATGCCA

181　TTGTACAGATATCAGGTTGAATTCGTGTCACTCGGCTTGCAAATCCTGCATGTGTACACG

241　ATCAATGCCAGGCAAGTGTCGTTGCCTTGACATTGCTGATTTCTGTTACAAACCTTGCAA

301　GTCCAG<u>GGATGAAGATGATGAGTAAG</u>

图 2 - 13　转化株系 32 mRNA 特异表达片段序列

将克隆片段的序列同 GenBank（http：//www. ncbi. nlm. nih. gov）中的核酸序列以及氨基酸序列进行同源比较。

从测序结果看到，转 *CpTI* 基因株系 32 体内外源基因高效表达，片段长度 326bp，该序列在 NCBI Blastn 检索结果表明，该序列与 *Phaseolus vulgaris trypsin proteinase inhibitor gene* 和 *Tieganqing trypsin inhibitor*（*TI*）*gene* 有 100％同源性（图 2 - 14）。再以此序列进行蛋白比较（Blastx），结果如图 2 - 15 所示。

Distance tree of results

Legend for links to other resources: ☐ UniGene ☐ GEO ☐ Gene ☒ Structure ☐ Map Viewer

Sequences producing significant alignments:
(Click headers to sort columns)

Accession	Description	Max score	Total score	Query coverage	E value	Max ident	Links
AY059390.1	Phaseolus vulgaris trypsin proteinase inhibitor gene, complete cds	589	589	100%	3e-165	100%	
AY204566.1	Vigna unguiculata subsp. sesquipedalis cultivar Tieganqing trypsin inhibitor (TI) gene, complete cds	589	589	100%	3e-165	100%	
DQ417204.1	Vigna unguiculata trypsin inhibitor gene, complete cds	583	583	100%	1e-163	99%	
AY204565.1	Vigna unguiculata subsp. sesquipedalis cultivar Gougouhong trypsin inhibitor (TI) gene, complete cds	583	583	100%	1e-163	99%	
X51617.1	V.unguiculata RNA for trypsin inhibitor fIV	583	583	100%	1e-163	99%	
AY204564.1	Vigna unguiculata subsp. cylindrica cultivar Fandou trypsin inhibitor (TI) gene, complete cds	580	580	100%	1e-162	99%	
AY204563.1	Vigna unguiculata subsp. unguiculata cultivar Baizijiangdou trypsin inhibitor (TI) gene, complete cds	580	580	100%	1e-162	99%	
AY204562.1	Vigna unguiculata subsp. unguiculata cultivar Yingjiajiangdou trypsin inhibitor (TI) gene, complete cds	547	547	100%	8e-153	97%	

> ☐ gb|AY059390.1| Phaseolus vulgaris trypsin proteinase inhibitor gene, complete cds

Length=327

Score = 589 bits (652), Expect = 3e-165

Identities = 326/326 (100%), Gaps = 0/326 (0%)

Strand=Plus/Plus

> ☐ gb|AY059390.1| Phaseolus vulgaris trypsin proteinase inhibitor gene, complete cds
Length=327

Score = 589 bits (652), Expect = 3e-165
Identities = 326/326 (100%), Gaps = 0/326 (0%)
Strand=Plus/Plus

Query 1   GATGATGGTGCTAAAGGTGTGTGTGCTGGTACTTTTCCTTGTAGGGGTTACTACTGCAGC 60
            ||||||||||||||||||||||||||||||||||||||||||||||||||||||||||||
Sbjct 1   GATGATGGTGCTAAAGGTGTGTGTGCTGGTACTTTTCCTTGTAGGGGTTACTACTGCAGC 60

Query 61   CATGGATCTGAACCACCTCGGAAGTAATCATCATGATGACTCAAGCGATGAACCTTCTGA 120
            ||||||||||||||||||||||||||||||||||||||||||||||||||||||||||||
Sbjct 61   CATGGATCTGAACCACCTCGGAAGTAATCATCATGATGACTCAAGCGATGAACCTTCTGA 120

Query 121 GTCTTCAGAACCATGCTGCGATTCATGCATCTGCACTAAATCAATACCTCCTCAATGCCA 180
            ||||||||||||||||||||||||||||||||||||||||||||||||||||||||||||
Sbjct 121 GTCTTCAGAACCATGCTGCGATTCATGCATCTGCACTAAATCAATACCTCCTCAATGCCA 180

Query 181 TTGTACAGATATCAGGTTGAATTCGTGTCACTCGGCTTGCAAATCCTGCATGTGTACACG 240
            ||||||||||||||||||||||||||||||||||||||||||||||||||||||||||||
Sbjct 181 TTGTACAGATATCAGGTTGAATTCGTGTCACTCGGCTTGCAAATCCTGCATGTGTACACG 240

```
Query  241  ATCAATGCCAGGCAAGTGTCGTTGCCTTGACATTGCTGATTTCTGTTACAAACCTTGCAA   300
            ||||||||||||||||||||||||||||||||||||||||||||||||||||||||||||
Sbjct  241  ATCAATGCCAGGCAAGTGTCGTTGCCTTGACATTGCTGATTTCTGTTACAAACCTTGCAA   300

Query  301  GTCCAGGGATGAAGATGATGAGTAAG   326
            ||||||||||||||||||||||||||
Sbjct  301  GTCCAGGGATGAAGATGATGAGTAAG   326
```

> gb|AY204566.1| Vigna unguiculata subsp. sesquipedalis cultivar Tieganqing
trypsin inhibitor (TI) gene, complete cds
Length=326

Score = 589 bits (652), Expect = 3e-165
Identities = 326/326 (100%), Gaps = 0/326 (0%)
Strand=Plus/Plus

```
Query    1  GATGATGGTGCTAAAGGTGTGTGTGCTGGTACTTTTCCTTGTAGGGGTTACTACTGCAGC   60
            ||||||||||||||||||||||||||||||||||||||||||||||||||||||||||||
Sbjct    1  GATGATGGTGCTAAAGGTGTGTGTGCTGGTACTTTTCCTTGTAGGGGTTACTACTGCAGC   60

Query   61  CATGGATCTGAACCACCTCGGAAGTAATCATCATGATGACTCAAGCGATGAACCTTCTGA   120
            ||||||||||||||||||||||||||||||||||||||||||||||||||||||||||||
Sbjct   61  CATGGATCTGAACCACCTCGGAAGTAATCATCATGATGACTCAAGCGATGAACCTTCTGA   120

Query  121  GTCTTCAGAACCATGCTGCGATTCATGCATCTGCACTAAATCAATACCTCCTCAATGCCA   180
            ||||||||||||||||||||||||||||||||||||||||||||||||||||||||||||
Sbjct  121  GTCTTCAGAACCATGCTGCGATTCATGCATCTGCACTAAATCAATACCTCCTCAATGCCA   180

Query  181  TTGTACAGATATCAGGTTGAATTCGTGTCACTCGGCTTGCAAATCCTGCATGTGTACACG   240
            ||||||||||||||||||||||||||||||||||||||||||||||||||||||||||||
Sbjct  181  TTGTACAGATATCAGGTTGAATTCGTGTCACTCGGCTTGCAAATCCTGCATGTGTACACG   240

Query  241  ATCAATGCCAGGCAAGTGTCGTTGCCTTGACATTGCTGATTTCTGTTACAAACCTTGCAA   300
            ||||||||||||||||||||||||||||||||||||||||||||||||||||||||||||
Sbjct  241  ATCAATGCCAGGCAAGTGTCGTTGCCTTGACATTGCTGATTTCTGTTACAAACCTTGCAA   300

Query  301  GTCCAGGGATGAAGATGATGAGTAAG   326
            ||||||||||||||||||||||||||
Sbjct  301  GTCCAGGGATGAAGATGATGAGTAAG   326
```

图 2-14 转化株系 32 核酸比较结果

2.6 毛细管区带电泳对转化株系蛋白质表达检测

毛细管区带电泳结果如图 2-16 所示,在 5～15min,对照共出现 9 个吸收峰带,株系 12、19、32、39 共出现 10 个吸收峰带,在第 7.65min(峰 3 和峰 4 之间)出现一条对照所没有的吸

Score　　　E
Sequences producing significant alignments:　　　　　　　　　(Bits)　Value

gi|16555417|gb|AAL23841.1|　trypsin proteinase inhibitor [Phas...　162　5e-39
gi|100120|pir||S09415　proteinase inhibitor - cowpea　　　　　162　5e-39

Alignments

>☐ gi|16555417|gb|AAL23841.1|　trypsin proteinase inhibitor [Phaseolus vulgaris]
gi|28569592|gb|AAO43983.1|　trypsin inhibitor [Vigna unguiculata subsp. sesquipedalis]
gi|90101504|gb|ABD85194.1|　trypsin inhibitor [Vigna unguiculata]
Length=107

Score = 162 bits (410),　Expect = 5e-39
Identities = 91/91 (100%), Positives = 91/91 (100%), Gaps = 0/91 (0%)
Frame = +2

Query　50　TTAAMDLNHLGSNHHddssdepsessepccdscICTKSIPPQCHCTDIRLNSCHSACKSC　229
　　　　　　TTAAMDLNHLGSNHHDDSSDEPSESSEPCCDSCICTKSIPPQCHCTDIRLNSCHSACKSC
Sbjct　17　TTAAMDLNHLGSNHHDDSSDEPSESSEPCCDSCICTKSIPPQCHCTDIRLNSCHSACKSC　76

Query　230　MCTRSMPGKCRCLDIADFCYKPCKSRDEDDE　322
　　　　　　MCTRSMPGKCRCLDIADFCYKPCKSRDEDDE
Sbjct　77　MCTRSMPGKCRCLDIADFCYKPCKSRDEDDE　107

>☐ gi|100120|pir||S09415　proteinase inhibitor - cowpea
Length=146

Score = 162 bits (410),　Expect = 5e-39
Identities = 91/91 (100%), Positives = 91/91 (100%), Gaps = 0/91 (0%)
Frame = +2

Query　50　TTAAMDLNHLGSNHHddssdepsessepccdscICTKSIPPQCHCTDIRLNSCHSACKSC　229
　　　　　　TTAAMDLNHLGSNHHDDSSDEPSESSEPCCDSCICTKSIPPQCHCTDIRLNSCHSACKSC
Sbjct　56　TTAAMDLNHLGSNHHDDSSDEPSESSEPCCDSCICTKSIPPQCHCTDIRLNSCHSACKSC　115

Query　230　MCTRSMPGKCRCLDIADFCYKPCKSRDEDDE　322
　　　　　　MCTRSMPGKCRCLDIADFCYKPCKSRDEDDE
Sbjct　116　MCTRSMPGKCRCLDIADFCYKPCKSRDEDDE　146

图 2-15　转化株系 32 蛋白比较结果

收峰带（图 2-16 中箭头所指的位置），该吸收峰带可能为外源
CpTI 基因表达而成的特异蛋白质，也可能是外源基因在转录和
翻译等过程中发生变化而表达成的另一种特异蛋白质的吸收峰
带。其他转化株系的吸收峰与对照基本相同。

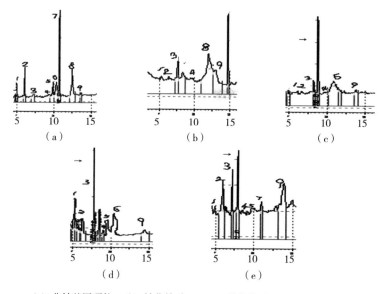

（a）非转基因嘎拉　（b）转化株系 12　（c）转化株系 19　（d）转化株系 32
（e）转化株系 39

图 2-16　部分嘎拉转化株系叶片蛋白毛细管区带电泳图谱

3　讨论

3.1　外源基因在转化株系中的稳定性

果树的遗传背景十分复杂，其体细胞突变不仅发生在田间状态，还广泛存在于组织与细胞培养中。一般认为变异率为 1%～3%[144]，但也有表型变异率高达 90% 的报道[145]。这种变异的发生对于保存含有外源目的基因的转化株系十分不利，可能会导致目的基因的沉默或丢失。前人研究表明果树组培苗遗传稳定性受基因型、继代培养时期（继代次数）、培养条件如生长调节剂的应用等因素影响，如香蕉茎尖快繁后代存在一定比例的表现型变异，变异率随继代代数增加而增加，而杜国强等[146]曾对不同继代次数（3～90 代）的富士、金冠和乔纳金组培苗进行分析，认为其茎尖离体继代培养 90 次以内具有较高的遗传稳定性。本试验对常规继代培养 6～8 年的 60 个苹果转化株系外源基因的检测结果表明，外源基因在苹果转化组培苗中具有较强的稳定性。但在卡那霉素抗性检测中有 2 个王林转化株系表现花叶，造成这种现象的原因可能是 *npt* II 酶表达量偏低，也可能是转基因植株在继代培养过程中发生了变异，导致 *npt* II 基因表达发生变化。

3.2　植物荧光原位杂交技术探讨

由于植物细胞有细胞壁，制片困难，以及细胞质和细胞碎片对染色体造成严重覆盖，不利于探针和靶序列的杂交；另外，植物细胞分裂指数较低，致使分散好的分裂相不易获得，所以植物染色体原位杂交技术的应用和研究，一直远远落后于人类及哺乳动物的研究。直至 1985 年，Rayburn 等[147]首次将生物素标记探针及其检测系统应用于植物染色体原位杂交，才开创了非放射性原位杂交技术在植物遗传学研究中的应用。此后，有一系列在植物中定位基因的报道[148～152]。在这些报道中，靶 DNA 序列的长度均在 10kb 以上。对小于 10kb 的靶 DNA 序列的定位[153～155]信号检出率均较低。例如，Gustafson 等[153]以 0.7kb 的单拷贝 DNA 序列作探针，检出率只有 6％左右，并且信号在染色体上基本是单点检出。在如此低的检出率条件下，为了区分信号点与背景杂点，必须进行大量的统计分析。近年来，随着 FISH 技术的发展，植物中单或低拷贝 DNA 序列的检出率有了较大的提高。

制约染色体原位杂交技术发展的因素很多，制片技术是其中之一。试验中我们选用酶解去壁低渗法制片，用 2.5％纤维素酶及果胶酶（1∶1）37℃酶解 2h，得到了较为理想的染色体制片。有人研究发现[156]，染色体制片的片龄也影响杂交效率。Pinkel 等[157]专门对片龄长短的影响做了研究，他们发现片子的贮存时间不同，其杂交信号的强度有很大差别，新制片所得的信号强度大。此外，Pinkel 等[157]发现分裂相所处的分裂时间和染色体的长短对杂交效率也有影响，凝缩程度低的染色体易于杂交。试验

中我们所选用的植物染色体制片一般片龄在一个月以内，并在
−20℃温度下保存。为了提高植物中单或低拷贝 DNA 序列的检
出率，在改进有丝分裂制片技术的同时，也有学者尝试采用减数
分裂粗线期的染色体来进行基因定位[158,159]。

原位杂交的程序中，探针 DNA 和染色体的变性条件是最难
以控制的因素，要等到整个程序结束时才可以作出判断。因此，
它是原位杂交中最关键、最不稳定的步骤，不同材料、不同制
片，变性的时间和温度是不同的。如玉米[160]中期染色体采用
80℃下共变性 4min，粗线期染色体 80℃下共变性 2.5～3min；
大白菜[161]中期染色体杂交采用制片和探针分别变性的方法，探
针采用沸水浴变性 10min，染色体采用 70℃、70％甲酰胺变性
2.5min；柑橘[162]染色体于 70℃、70％的去离子甲酰胺中变性
3.5min，探针于沸水浴变性 10min。本研究选用制片和探针分别
变性方法，探针采用沸水浴变性 8min，染色体采用 70℃、70％
甲酰胺变性 3min，效果较好。

3.3 外源基因在不同转化株系中的表达

在许多情况下，外源基因在受体植株中的表达很不稳定，有
的能正常表达，有的表达量很低甚至不表达，其表达与转基因的
失活和沉默有关。在矮牵牛转苯苯乙烯酮合成酶基因（*CHS*）
转化紫花矮牵牛以加深花色的研究中发现，高达 42％的转基因
当代植株产生白色或紫白相间的花朵，说明转基因和内源基因均
被抑制，即基因不但没有高效表达，反而影响了内源基因的正常
表达。在同一植物转化事件中，发生外源基因沉默的转化体占总
数的 3％～100％是一个较为普遍的现象[163]。本试验分别对 60
个转化株系中外源基因在 RNA 水平、蛋白质水平和表型上的表
达进行研究，结果发现不同转化株系中外源基因表达存在差异。
RNA 水平表达研究中 43 个转化株系 mRNA 表达量较多，17 个
表达量少；从杀虫效果来看，有的株系外源基因高效表达，杀虫
率 100％，有的株系外源基因表达量很低甚至不表达，表现为无

杀虫能力。这表明相同转化方式下的转化株系之间基因的表达水平和效率存在差异，差异可表现在转录水平、翻译水平或表型方面，造成这种差异的原因可能是外源基因整合位点不同、基因沉默或基因的甲基化等，关于外源基因在不同株系间表达的机理还有待进一步研究。

3.4　外源基因在不同水平表达的相关性

外源基因的表达一般体现在表型、RNA 及蛋白等方面。转化株系 32 基因组 *CpTI* 特异性条带信号较强，mRNA 丰度高，在将反转录后表达的特性片段回收后测序发现，表达序列与 *CpTI* 基因序列同源性达 100%，在叶片毛细管区带电泳中检测到特异吸收峰，喂食该转化株系叶片的棉铃虫体内蛋白酶活力低于对照，虫重显著低于对照，并且虫试校正死亡率达 100%，表现了良好的杀虫效果。转基因株系 48、49 在卡那霉素筛选下出现花叶现象。RT - PCR 研究发现这 2 个株系 mRNA 丰度较低。虫试结果显示，喂食株系 48、49 叶片的棉铃虫校正死亡率为负值，虫重和虫体内蛋白酶活力与对照相比无差异，表明这些株系没有抑制幼虫生长发育的作用。这体现出外源基因在转化植株体内不同水平表达结果的一致性。

转化株系外源基因 RNA 水平表达结果与虫试校正死亡率结果比较，多数株系在一定程度上表现出一致性，即 mRNA 丰度高的虫试校正死亡率较高。但部分株系 mRNA 表达较好，虫试校正死亡率却为负值，这可能是因为所导入的外源基因没有最终表达能够抑制幼虫生长发育的蛋白质。同时部分转化株系 mR-NA 表达强度较弱，虫试校正死亡率却为正值，反映出外源基因表达的复杂性，原因有待进一步研究。

4　小结

（1）对外源 *CpTI* 基因在常规继代培养 6~8 年的 60 个苹果

组培苗中的稳定性进行 PCR 和卡那霉素检测，结果表明：60 个株系均可扩增出 *CpTI* 特异基因片断；除了转化株系 48、49 在 50mg/L 卡那霉素浓度下出现花叶现象外，其他株系在含相同浓度卡那霉素的培养基中生长正常。

（2）定植于田间 10 年的转基因苹果叶片中外源 *CpTI* 基因稳定存在，个别转化株系的根系、花粉和果实中未检测出 *CpTI* 基因，说明外源 *CpTI* 基因可以存在于转化植株中，外界环境条件对其稳定存在影响不大。

（3）适于苹果组培苗根尖染色体制片的方法为：①根长 0.5～1cm 时取材；②25℃下 0.02％秋水仙素和 0.002mol/L 8‐羟基喹啉（1∶1）混合液处理 2h；③25℃下 0.075mol/L KCl 溶液中处理 30min；④2～4℃下甲醇—冰醋酸（3∶1）固定液固定 4～48h；⑤蒸馏水冲洗 3 次；⑥25℃下 2.5％纤维素酶和 2.5％果胶酶（1∶1）混合液酶解 2h；⑦蒸馏水清洗 2～3 次；⑧涂片；⑨20∶1 的 Giemsa 染色液扣染 40min；⑩镜检。

（4）适于苹果染色体原位杂交的方法为：①染色体制片 60℃烤片 1h；②RNaseA 37℃保温 1h；③2×SSC 室温下洗片 3×5min；④−20℃下 70％、95％乙醇和无水乙醇脱水各 5min，室温干燥；⑤用甲醇—冰醋酸（3∶1）固定 10min，室温干燥；⑥0.01％胃蛋白酶 37℃温育 10min；⑦1×PBS 洗涤 2×5min；⑧含 50mmol/L $MgCl_2$ 的 1×PBS 洗涤 5min；⑨含 50mmol/L $MgCl_2$ 和 1％甲醛的 1×PBS 固定标本 5min；⑩2×SSC 洗 2min；⑪70％去离子甲酰胺 70℃变性 3min；⑫20℃下 70％、95％乙醇和无水乙醇中各处理 5min，室温干燥；⑬沸水浴探针杂交液变性 8min，迅速冰浴 10min；⑭37℃保湿皿中孵育 16～20h；⑮室温 2×SSC 洗 10min；⑯37℃或室温 2×SSC（含 30％甲酰胺、0.2％ Tween 20）洗 10min；⑰室温 2×SSC 和 1×PBS 中各洗 5min；⑱抗体检测；⑲DAPI 复染；⑳镜检。利用 FISH 技术，在转化株系 32 的细胞核上检测到杂交信号，表明 *CpTI* 基因整合到了转基因苹果的基因组中。

（5）虫试结果表明不同转化株系间抗虫和抑虫能力存在差异。在 60 个转化株系中校正死亡率为正值的株系共 28 个，为 2、4、8、9、10、11、12、13、16、17、19、21、24、27、31、32、33、34、36、39、43、47、50、51、55、56、58、59，其中校正死亡率大于或等于 50％的株系有 2、12、19、27、31、32、34、39、50、51、56，校正死亡率为 100％的株系是 32、51，并且喂食株系 27、31、32、51 叶片的虫重与对照虫重相比差异显著。

（6）喂食转 *CpTI* 基因苹果组培苗叶片的棉铃虫体内类胰凝乳蛋白酶活性变化结果表明：不同转基因株系对虫体内类胰凝乳蛋白酶活性的抑制作用存在差异，分别表现为抑制能力较强、较弱或没有抑制能力。其中有 9 个株系（即转化株系 4、10、12、32、39、43、47、50、56）能显著抑制棉铃虫幼虫体内类胰凝乳蛋白酶活力，表明这些株系具有较好的抑制幼虫生长发育的作用。

（7）对 60 个转化株系苹果组培苗进行 RT－PCR 检测，结果表明转入的外源 *CpTI* 基因在 43 个转化株系中得到了较高水平的表达，分别为转化株系 1～41，51 和 53；在 42～50，52，54～60 等 17 个转化株系中表达强度低。外源基因在转化株系（嘎拉 32）中高效表达，经 RT－PCR 扩增，片段回收，克隆，测序，外源基因在转基因植株中核苷酸表达与 *Phaseolus vulgaris trypsin proteinase inhibitor gene* 和 *Tieganqing trypsin inhibitor（TI）gene* 有 100％同源性，蛋白表达与 *Proteinase inhibitor－cowpea* 基因有 100％同源性。

（8）优化的适宜苹果叶片蛋白质毛细管电泳程序为：采用改良丙酮沉淀法提取蛋白质，电泳过程中温度为 25℃，电压为 20kV，3.3kPa 下进样 5s，电泳时间为 17min，检测波长在 280nm 处的蛋白质区带。电泳结果表明：与对照相比转化株系 12、19、32、39 在第 7.65min 分别出现一条特异吸收峰带。

# 第三章 苹果转基因株系特性研究

　　自从 1983 年世界首例转基因植物——转基因烟草培育成功，转基因作物在全球范围内种植面积直线上升。1996 年生物技术作物首次商业性种植，此后 10 年间其种植面积每年都以两位数的速度增长，参与种植的国家从 6 个增至 22 个，面积增加了 50 多倍，2006 年全球转基因作物种植面积达 1.02 亿公顷。我国从 20 世纪 80 年代初开始转基因作物研究。至 2006 年，在植物重要功能基因的分离克隆研究上取得了重要进展，获得新基因 610 个，其中包括水稻分蘖基因 MOC1、融合抗虫基因 CryCI、新型抗除草剂基因、隐性抗水稻白叶枯病基因 xa5 和 xa13 等一批具有重要应用价值并拥有自主知识产权的新基因 46 个。还获得了转基因抗虫、抗病、抗逆、品质改良、抗除草剂等水稻、玉米、小麦、棉花、油菜、大豆以及主要林草等新株系和新品系 20 925 份，新品种 58 个，为转基因植物产业化奠定了扎实基础。随着转基因作物环境释放种类增多，规模快速增大，转基因食品悄然走进人们的生活，转基因生物安全性也引起了世界范围内的广泛关注。转基因植物及其产品的安全性问题包括两方面：一是生态环境安全性问题，二是食品安全性问题。

　　基因漂流是指将基因从一个群体的基因库转移到另一个群体的基因库[164]。转基因植物外源基因漂流是转基因生态风险评价的一个重要指标。基因漂流可以通过花粉、种子和无性营养体等形式，对于有花植物，花粉散布是最主要的形式[165]。基因漂流的可能和程度不仅与花粉漂移距离有关[166]，而且与转基因植物包括花粉、交配、种子、植株等繁育和生长性状的生态适合度改

变有极大的关系[167,168]。Bergelson 等[169]发现转基因拟南芥（*Arabidopsis thaliana*）与非转基因突变体相比异交率增强近 20 倍，指出转基因可能会提高植物的异交潜力。而在转基因甜瓜（*Cucumis melo*）的田间试验中，转基因与非转基因甜瓜的异交率没有发现差异显著的证据[170]。对转 *bar* 基因油菜（*Brassica napus*）与野生近缘种的杂交授粉特性研究则表明，花粉萌发率在转基因油菜与非转基因油菜间无显著差异[171]，但田间试验表明其杂种回交第一代可产生高活力的花粉[172]。

外源基因导入植物后，会在转化植株中出现两大类新的分子，即转入基因的 DNA 分子本身和外源基因表达的蛋白。这两类新的分子是影响转基因食品安全性的主要因素。其中人们对外源基因本身担忧的主要是抗生素标记基因，如 *npt* II、*hpt* 等可诱导产生抗生素抗性的基因；外源基因表达的蛋白主要是担心外源基因的表达会使植物中原来沉默的毒素合成途径得以激活，进而产生对人体健康不利的毒素蛋白。

苹果是世界上果树栽培面积较广的树种之一，也是转基因研究较多的果树树种之一。虽然目前全球还没有转基因苹果品种获准大面积种植的报道，但抗病[20~22]、抗虫[9,19]、功能基因[25,26]等基因已转移到不同苹果品种中。苹果为异花授粉植物，转基因苹果外源基因逃逸的可能性大。外源基因的插入，不可避免地会引起性状变异。目前，转基因苹果研究仅局限于转化本身的研究，关于外源基因插入后转基因苹果花粉活力、花粉特性、杂交结实率等的研究极少。同时，关于转基因苹果果实中外源标记基因的表达、外源基因对果实蛋白表达的影响等研究尚未见报道。

本试验选用转 *CpTI* 基因苹果品种嘎拉，通过研究其花粉特性，比较转基因苹果与非转基因苹果在花粉特性上的差异，分析外源基因的插入对苹果花粉的影响，为转基因苹果生态风险性评价提供理论基础；通过研究标记基因在果实中的表达和外源基因对果实蛋白的影响，分析转基因苹果果实安全性，以期为今后开展转基因苹果的商品化生产等方面提供理论依据。

1 材料与方法

1.1 试验材料

河北农业大学标本园温室内 1999 年栽植的转 *CpTI* 基因嘎拉苹果，普通型嘎拉及富士苹果。

1.2 试验内容及方法

1.2.1 花粉的采集与贮藏

于气球期采摘花朵，室内脱药，除杂，散放于培养皿中硫酸纸上，置于温暖干燥的地方阴干。干燥、散粉后，将花粉装于小瓶内，备用。

1.2.2 苹果花粉畸形率测定

用涂布法制片。取少量花药于清洁载玻片上，将花粉粒压出，使之均匀展布在载玻片上，统计畸形花粉数。重复制片，显微镜下观察 500～1 000 个花粉粒，取平均值。

1.2.3 苹果花粉离体萌发率和生活力测定

用 16％蔗糖＋10mg/L 硼酸＋0.8％琼脂作为培养基，附加不同浓度的卡那霉素，浓度设为 0、0.1、0.5、1.0、5.0、10.0、50.0、100.0mg/L，用吸管取培养液，滴在载玻片上，使之成为直径约 1cm 大小的液滴，用头发丝蘸取花粉播种在液滴上。将播种有花粉的载玻片放在水蒸气处于饱和状态的培养皿中，(23±2)℃培养，分别于 2、5、12、24h 观察花粉发育情况，每个处理观察 6 个视野，取平均值。

取适量花粉于载玻片上，滴 1～2 滴 TTC 溶液，盖片，40℃下放置 20min，显微镜观察，染成红色的为具有生活力的花粉。每片观察 6 个视野，计算花粉生活力百分比。

1.2.4 苹果单花药花粉量测定

分别取饱满、正常、未开裂的花药囊 20 粒于研钵中研碎，使花粉充分散出，多次用蒸馏水冲洗，将洗液一并置入容量瓶中，再滴入 4～5 滴吐温，定容至 10mL，加盖振荡，使花粉呈悬浮状态，然后吸取数滴至血球计数器（每中格 $16/400mm^3$），观察每一中格或几格中的花粉数。重复进行三次，取平均值，利用公式计算每一花药中的花粉量（N）。

花粉量 $N=(A\times 10\times 25\times 1\,000)/20$，其中 N 为每一花药中的花粉量，A 为每一格中花粉数。

1.2.5 苹果单花不同开放阶段内源激素的测定

于 2006 年 4 月 18 日、21 日、23 日分别采摘转基因嘎拉苹果处于花蕾期、气球期和平展期的花，去除萼片、花瓣，称重，于 $-70℃$ 冰箱保存备用。

采用高效液相色谱法[173]对转基因嘎拉苹果花在花蕾期、气球期和平展期的赤霉素（GA_3）、脱落酸（ABA）分别进行测定。

精密称取样品 1～3g，研磨后转至 50mL 三角瓶中，加冰甲醇 30mL 后放入超声波中，加冰块，$4℃$ 下超声波振荡 1h 后，放入冰箱（$0～4℃$）过夜。之后过滤溶液，残渣中再加冰甲醇 20mL，超声波中 $4℃$ 振荡 0.5h，过滤，合并滤液减压浓缩至 10mL，经 $0.45\mu m$ 滤膜过滤后上清液待分析。

1.2.6 苹果花粉结构观察

采用成熟花粉，室温干燥后直接将花粉撒在粘有双面胶的样品托上，真空喷镀，在 KYKY-2800B 型扫描电镜上观察。取有代表性的花粉粒，对其赤道面、极面及纹饰分别在 $350\times$、$1.50K\times$、$3.50K\times$ 拍照，统计每种花粉的赤道轴长、极轴长并记录花粉的形态及外壁纹饰特点。

1.2.7 苹果花粉萌发动态观察和花粉形成过程的显微观察

人工授粉后 2、4、6、8、12、16、24、36、48、60h 分别采 20 朵花，除去花瓣、萼片和花柄，将雌蕊和子房固定在 FAA 液（70％酒精：甲醛：冰醋酸＝89：6：5）内。用 8mol/L KOH 溶液将固定的子房软化 8～12h，之后用蒸馏水浸泡 1h，再用预先配制好的过夜的脱色 0.1％苯胺蓝溶液染色 4h。染色后的子房放在载玻片上，切成二等份，再用盖玻片轻轻压平，在荧光显微镜下观察花粉发芽和花粉管伸长情况。经染色的花粉管外壁胼胝质在激光诱导下产生黄绿色荧光。

2012 年 3 月中旬至 4 月中旬，每隔 3d 取样，每次采约 10 个花蕾（芽）或花序，用改良 FAA 液（70％酒精：甲醛：冰醋酸＝90：5：5）固定，酒精系列脱水，二甲苯透明，石蜡包埋，切片，在显微镜下观察照相。

1.2.8 转 *CpTI* 基因植株果实特性的研究

2011 年 7 月底采集转基因嘎拉果实，以非转基因嘎拉果实为对照，测定各项果实品质指标。每株系调查 20 个果，5 个果为一小区，重复 4 次。

（1）外源 $CpTI$ 基因对果实外观品质的影响。

①单果重：用质量法即用电子天平等仪器直接测量其单果质量。

②果形指数：指果实纵径与横径的比值，用游标卡尺测量苹果最大纵径与横径，多次测量求平均值，计算果形指数。通常果形指数在 0.6～0.8 为扁圆形，0.8～0.9 为圆形或近圆形，0.9～1.0 为椭圆形或圆锥形，1.0 以上为长圆形。

（2）外源 $CpTI$ 基因对果实内在品质的影响。

①硬度：将果实去皮，用 GY－1 型果实硬度计直接穿刺读取数值。

②可溶性固形物：测定可溶性固形物含量的方法主要有取样榨汁，用数显糖度计（日本 Atago 爱宕 PAL－1）直接读取含量值。

③含酸量：将样品榨汁，取 0.5ml 原液，用超纯水定容至 50ml 容量瓶中，用果实酸度计（Fruits Acidity Meters. GMK－835F）读取数值。

1.2.9 转基因嘎拉果实 *npt* Ⅱ 酶活性测定

点渍法检测果实中 *npt* Ⅱ 酶活性[174]，具体操作步骤如下：

（1）*npt* Ⅱ 酶提取。植物细胞 *npt* Ⅱ 酶提取：取被测及阴性对照苹果果实 0.2g 左右，冰浴中研磨，加入 $200\mu L$ 提取缓冲液，制成匀浆。4℃、6 000r/min 离心 5min，取上清液备用。

农杆菌 npt Ⅱ 酶提取：将农杆菌接种于 1mL YEB＋Kan（50μg/mL）液体培养基中，28℃、210r/min 摇菌过夜至 OD_{600} 值为 0.6～1.0。细菌培养液转入无菌离心管中，4℃、10 000r/min 离心 2min，去上清液。加入 200μL 细菌提取液，迅速悬浮细菌沉淀，置冰浴中 10～15min。加入 1/5 体积的 10％ Triton X‑100，振荡混匀。4℃、10 000r/min 离心 10min，取上清液备用。

（2）酶反应。分别取各样品上清液 15μL 置离心管中，加入 15μL 反应液，混匀，37℃保温 30min。保温后于室温 10 000r/min 离心 5min，保留上清液，供点样用。

（3）磷酸纤维素纸准备（封闭非特异位点）。取磷酸纤维素纸 Whatman P81，浸于封闭液中，饱和后取出干燥。

（4）点样。分别取各样品液 10～20μL，点在磷酸纤维素纸上，晾干。

（5）洗涤。将磷酸纤维素纸置 80℃冲洗液中冲洗 2min，再转入室温冲洗液冲洗 10min，重复 3～5 次，取出晾干。

（6）放射自显影。用保鲜膜包好磷酸纤维素纸，压于"storage phosphor screen"磷屏显影 24～48h，台峰扫描黑色曝光点。

以上试验在河北省农林科学院谷子研究所同位素实验室完成。

1.2.10　转基因苹果嘎拉果实蛋白毛细管区带电泳

1.2.10.1　果实蛋白的提取[175]

（1）1g 果实鲜样于 6mL 2％ SDS 提取缓冲液 [2％ SDS、60mmol/L DTT、20％甘油、40mmol/L Tris‑HCl（pH 8.5）] 中研磨。

（2）95℃热水浴中加热 8min。

（3）4℃、8 000r/min 离心 15min。

（4）取上清液，加 3 倍体积的－20℃预冷丙酮（含 10％ TCA 和 20mmol/L DTT），涡旋，－20℃静置 45min。

（5）4℃、18 000r/min 离心 15min。

（6）沉淀用－20℃预冷丙酮（含 20mmol/L DTT）冲洗，

—20℃静置 60min。

（7）4℃、20 000r/min 离心 10min，—20℃干燥沉淀，使丙酮完全挥发。

蛋白溶解缓冲液：0.05mol/L 硼酸缓冲液，pH 8.0。

1.2.10.2　毛细管区带电泳

将溶解后的蛋白上样分析，试验在河北省农林科学院昌黎果树研究所苹果改良中心实验室完成。具体方法如下：

上样前冲洗程序：灭菌重蒸水→0.1mol/L 盐酸→0.1mol/L 氢氧化钠→电极缓冲液→进样→分离。

电泳条件：分离电压 10kV，检测波长 214nm，温度 25℃，3.3kPa 下虹吸进样 10s，电泳时间 25min；缓冲液为 0.05%硼砂（pH 8.3），每次进样前均用缓冲液冲洗毛细管柱 3min。

1.2.11　外源基因在转化株系 F_1 代中的表现

1.2.11.1　转化株系 F_1 代种胚培养

以转基因嘎拉和普通型富士为亲本，正反交人工授粉。取胚龄为 40～50d 的授粉幼果，低温（4℃）处理 30d 后，剖开果实取出种子，自来水冲洗干净，在无菌条件下用 0.01%升汞消毒 15～18min，无菌水冲洗 3～4 次，剥除种皮后接种于培养基上，30d 后观察萌发率及成苗率。未发育成苗的种胚将其子叶接种于诱导愈伤培养基上，通过诱导愈伤再生植株。

培养温度为（25±2）℃，日光灯每天光照 14h，光照强度为 2 000lx。

1.2.11.2　转化株系 F_1 代卡那霉素抗性检测

将种胚培养的苹果实生后代株系转入含有 50mg/L 卡那霉素的继代培养基中筛选，培养 30d 后调查植株白化情况。连续筛选 3 代，统计实生后代卡那霉素抗性性状分离比例。

CpTI 基因分离的遗传分析用 χ^2 分析的方法，公式如下：

$$\chi_c^2 = \sum \left[\frac{(|O-E|-0.5)^2}{E} \right]$$

对嘎拉转基因后代杂交群体中 *CpTI* 基因的分离是否符合孟

德尔分离定律进行分析，公式中 O 代表实际所得值，E 代表理论预测值。

1.2.11.3　转化株系 F_1 代分子检测

具体操作参见第二章 1.2.2。

2　结果与分析

2.1　花粉萌发率、花粉量和生活力

以转基因嘎拉花粉和非转基因嘎拉花粉为试材，比较其花粉萌发率、畸形率和花粉量（表 3-1）。转基因花粉在培养 12h 时花粉萌发率仅有 24.47%，显著低于非转基因花粉萌发率。转基因嘎拉花粉的畸形率为 31.77%，显著高于对照花粉畸形率。比较二者的花粉量发现，对照嘎拉每枚花药的花粉量为 6 567 粒，而转基因嘎拉每枚花药的花粉量仅为 4 187 粒，显著低于对照。

分别比较了 13 个转基因嘎拉株系和对照的花药中花粉粒数（表 3-1），除 6 号转基因株系与对照差异不显著外，其余 12 个株系的花药花粉量均显著低于非转基因对照，不同株系间也有差别，最高的每个花药含有花粉粒 6 900 粒，最低仅含有 2 667 粒。

将花粉在蔗糖培养基播种后统计花粉离体萌发率，转基因株系间差别较大（表 3-1），3、5、9、10、11、13 号株系显著低于对照，其余 7 个株系与对照差异不显著。

测定了 3 个转基因株系的花粉生活力，4 号和 10 号株系显著低于对照，7 号株系与对照差异不显著（表 3-1）。经花粉染色分析，4 号株系染成红色花粉数量明显少于对照（附图 4），表明其生活力下降。

总体来看，外源基因导入对转基因植株育性有一定影响，转基因植株的花粉数量、离体萌发率、花粉生活力均有不同程度的下降。

表 3-1 转 *CpTI* 基因嘎拉苹果花粉量及花粉生活力

转基因株系	每个花药的花粉量（粒）	萌发率（%）	生活力（%）
1	5 200±583b	63.0±5.4ab	—
2	4 200±768c	65.3±5.7ab	—
3	5 125±427bc	29.1±3.3def	—
4	4 000±570c	70.5±6.5a	43.6±7.5bc
5	5 100±430bc	24.5±6.7ef	—
6	6 900±640ab	61.3±1.3abc	—
7	4 800±752bc	71.8±3.7a	58.7±2.3ab
8	4 875±1 068bc	53.9±7.7abcd	—
9	2 833±459c	11.4±2.1f	—
10	4 750±1 010bc	32.4±1.3de	25.0±3.9c
11	3 900±510c	35.9±6.4cde	—
12	5 000±570bc	52.7±3.8abcd	—
13	2 667±422c	41.7±1.1bcde	—
非转基因株系	8 200±1 793a	76.5±0.5a	69.5±2.2a

注：同列数值后不同字母表示差异达 0.05 显著水平。"—"表示未检测。

2.2 转基因苹果花粉对 Kan 抗性研究

标记基因新霉素磷酸转移酶基因（*npt Ⅱ*）属抗生素抗性基因，其表达对卡那霉素产生抗性。本试验在花粉培养基中加入不同浓度的卡那霉素，观察花粉萌发情况（表 3-2）。卡那霉素抑制了花粉的萌发，对照花粉 12h 萌发率为 62.05%，在含 50mg/L 卡那霉素的培养基中 12h 萌发率只有 33.00%。含有 *npt Ⅱ* 基因的转基因花粉对卡那霉素具有一定的抗性。随着卡那霉素浓度的增加，转基因花粉和对照花粉萌发率都随之降低。高浓度的卡那霉素（100mg/L）对花粉萌发有明显的抑制作用，对照嘎拉花粉在该浓度下不能萌发，转基因花粉在培养 12h 后有极少量花粉萌发。花粉培养 12h 时，转基因花粉在高于 10mg/L 卡那霉素培养基上的萌发率显著低于在未加卡那霉素培养基上的萌发，而非转基因苹果花粉在 1mg/L 卡那霉素培养基上即表现萌发率显著降低，表明转基因苹果花粉具有一定程度的卡那霉素抗性。

表 3-2　卡那霉素对嘎拉花粉萌发的影响

Kan (mg/L)	转基因花粉萌发率（%）			非转基因花粉萌发率（%）		
	2h	5h	12h	2h	5h	12h
0	5.59±4.15a	15.47±9.74b	24.47±6.01a	15.64±5.56a	41.83±15.57a	62.05±8.59a
0.1	5.04±3.23a	19.34±6.45ab	20.52±8.83a	12.26±3.37ab	36.06±12.61a	55.90±9.19ab
0.5	6.86±3.66a	26.16±5.97a	26.24±8.24a	19.61±7.96a	46.54±13.18a	58.25±7.32ab
1.0	6.17±2.19a	12.51±3.13b	23.64±11.58a	19.77±4.66a	42.67±7.40a	50.50±10.22b
5.0	6.31±2.03a	14.66±4.18b	23.98±4.01a	14.77±13.57a	44.42±13.35a	50.43±8.60b
10.0	0b	4.85±2.68c	9.60±5.47b	3.50±5.23bc	12.95±4.79b	30.65±6.33c
50.0	0b	1.10±1.12c	4.57±2.84b	0c	6.15±5.72b	33.00±4.92c
100.0	0b	0c	1.17±0.77b	0c	0b	0d

2.3　外源基因对花器官不同开放阶段内源激素的影响

对转基因和对照嘎拉不同发育阶段的花器（雄蕊和雌蕊）进行内源激素测定。如表 3-3 所示，GA$_3$ 含量随花开放逐渐下降，转基因花器中从气球期到平展期下降较快，其各时期均低于非转基因对照；而对照从花蕾期到气球期下降较快。ABA 含量随花发育呈上升趋势，转基因花在花蕾期低于对照，在气球期和平展期高于对照。

表 3-3　外源 *CpTI* 基因对嘎拉苹果花不同开放
阶段内源激素含量的影响

材料	GA$_3$（μg/kg FW）			ABA（μg/kg FW）		
	花蕾期	气球期	平展期	花蕾期	气球期	平展期
转基因	797.5±17.46	779.1±24.37	546.0±36.03	1.0±0.27	88.8±6.82	94.5±5.77
非转基因	1 293.1±86.58	845.2±43.56	840.2±40.28	31.0±7.90	37.5±5.07	85.1±7.27

2.4 转基因苹果花粉形态观察

以转基因和非转基因嘎拉花粉为试材，用扫描电镜观察其花粉形态（附图 5）。转基因嘎拉畸形花粉较多，其正常生长的花粉粒均为椭圆形，赤道轴与极轴的比值为 1.904，每个花粉粒具有 3 条萌发沟，沟在极面不汇合，沟均较狭窄，花粉粒的外壁纹饰呈条纹状，条纹较粗，排列基本与赤道轴平行，沟间区条纹较疏，靠近沟处条纹较密，条纹间分布孔穴较少。与对照嘎拉花粉形态相比，转基因嘎拉花粉在花粉粒的大小、萌发沟条数、形态、纹饰排列方向、同心圆、条纹的粗细等方面基本相同，但对照嘎拉花粉条纹间有较多的孔穴，赤道轴与极轴的比值为 1.923。

2.5 转基因苹果花粉萌发动态观察

以转基因嘎拉为父本、普通富士为母本进行人工授粉。通过对授粉后不同时间雌蕊花柱、子房压片的荧光显微镜观察发现，雌蕊柱体上的大部分花粉粒在授粉 2h 内便已萌发，萌发的花粉管呈鲜亮的黄绿色（附图 6）。授粉后 4h，花粉管最长已长至柱头内约 1mm 处，授粉 6h 前后花粉管长度已达到花柱总长度的 1/4。在此之后观察到的花粉管，外壁荧光减弱，花粉管中可以看到大量间断出现、均匀分布的黄亮的胼胝体。授粉后 8h 花粉管前端长度已达到花柱总长度的 2/3，继续延伸的花粉管顶部胼胝体含量相对较少，荧光较弱，顶端膨大，颜色较暗。继续观测发现，花粉管在授粉后 16h 穿过花柱基部到达子房室。48h 时部分进入子房室并到达胚珠，60h 观察花粉管基本全部进入胚珠。花柱内部分花粉管在延伸过程中管壁增粗，顶部积累大量胼胝体，荧光强烈，这多为失去活性、生长受到抑制的花粉管，这样的花粉管在花柱的上半部分出现较多，不能到达子房。

转基因嘎拉花粉萌发动态与对照相比延后 2h，这可能与转基因花粉生活力低于对照花粉生活力有关。

2.6　转基因苹果花药和花粉发育的显微观察

为揭示转基因花粉育性降低的原因，对 10 号转基因株系花粉形成过程进行了石蜡切片显微观察。转基因株系雄蕊原基发育良好（附图 7 A1），经细胞分裂、分化，顶端膨大发育成花药，基部伸长形成花丝（附图 7 A2），幼期花药发育时，首先在 4 个对称方位细胞分裂加快，分化出孢原细胞，进一步分化出花粉囊壁和造孢细胞（附图 7 A3）。花粉囊壁由表皮、纤维层、中层和绒毡层细胞组成，造孢细胞进行分裂或直接发育为花粉母细胞（附图 7 A4）。再由花粉母细胞减数分裂经二分体和四分体时期形成单核花粉粒（附图 7 A5、A6），单核花粉粒初期细胞壁薄，核位于细胞的中央，以后不断从解体的绒毡层细胞吸取营养和水分，细胞增大，外壁增厚，形成成熟花粉粒（附图 7 A8）。绒毡层是紧邻花粉囊壁的最内一层细胞，对花粉发育有重要作用，当单核花粉粒从四分体中释放出来后，绒毡层细胞开始降解，并向药室释放营养物质，至花粉成熟期，绒毡层细胞完全降解。试验观察发现，转基因嘎拉花粉绒毡层有延迟降解现象（附图 7 A7），影响了花粉发育，可能是其花粉数量少、育性低于非转基因嘎拉的原因。

2.7　转基因嘎拉果实特性研究

分别采收 9 个株系的转基因嘎拉和非转基因嘎拉对照果实进行果实外在和内在品质分析测定（附图 8），对果实单果重、果形指数、果实硬度、可溶性固形物含量、含酸量的测定结果见表 3-4。

表 3-4　转基因嘎拉苹果果实品质分析

株系	单果重（g）	果形指数	硬度（kg/cm²）	可溶性固形物含量（%）	含酸量（%）
1	97.55ab	0.90a	11.08d	10.05cd	0.17a
2	113.90a	0.85cd	11.17d	9.77de	0.14a
3	100.56ab	0.89ab	12.43bc	10.46cd	0.17a

（续）

株系	单果重（g）	果形指数	硬度（kg/cm²）	可溶性固形物含量（%）	含酸量（%）
4	101.50ab	0.86cd	11.08d	9.45e	0.18a
5	101.02ab	0.85cd	11.24d	9.82de	0.17a
6	95.66b	0.85cd	11.74cd	10.31cd	0.17a
7	99.92ab	0.86cd	12.13c	10.81c	0.15a
8	97.81ab	0.84cd	12.32bc	9.70de	0.18a
9	100.61ab	0.85cd	12.99b	12.22b	0.17a
CK	113.90a	0.83d	13.99a	13.04a	0.14a

除 6 号株系的单果重明显偏小外，其余 8 个株系与对照的果实单果重均无明显差异。转基因嘎拉果实和对照果实均为扁圆形或近圆形，果形指数在 0.83～0.90，但因该指标重复测量误差很小，所以统计分析表明对照和不同株系间的果形指数有显著差异，对照的数值偏小，1、3 号株系果实的果形指数明显增大。

果肉硬度、可溶性固形物、含酸量是果实品质的重要指标，不仅影响到鲜食时的口感、口味和营养，也与果实的贮藏加工性状有关。试验发现所试转基因株系的含酸量与对照无明显差异，而果实硬度和可溶性固形物含量都较对照明显降低。

2.8 转基因嘎拉果实 *npt* Ⅱ 酶活性测定

使用放射性标记的 ［γ^{32}P］ATP，通过 γ-磷酸基团转移，生成带放射性的磷酸卡那霉素，检测转基因嘎拉果实中的 *npt* Ⅱ 酶活性。从 *npt* Ⅱ 分析结果（图 3 - 1）来看，部分待测样品与农杆菌阳性对照相似，显示了较强的 *npt* Ⅱ 酶活性反应，而未转化对照仅有微弱的背景反应，水样对照呈空白状。所分析的样品中转基因果实 7 呈阴性，其他样品均呈阳性，其中转基因果实 8、转基因果实 9 和转基因果实 12 信号较弱，其他信号较强。这说明以转基因嘎拉为母本、普通富士为父本杂交所得果实中绝大

多数含有外源 $npt\,\mathrm{II}$ 基因，并得到表达，但 $npt\,\mathrm{II}$ 酶活性表达存在差异，个别转基因果实中检测不到 $npt\,\mathrm{II}$ 酶活性。

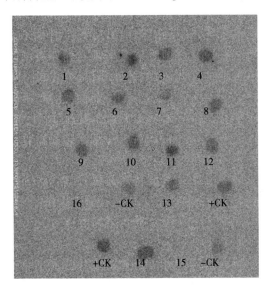

阳性对照（＋CK）：$CpTI$ 质粒　阴性对照（－CK）：普通嘎拉　1～14：转基因苹果果实　15～16：水

图 3-1　转基因嘎拉果实 $npt\,\mathrm{II}$ 酶活性分析

2.9　果实蛋白毛细管区带电泳

毛细管区带电泳结果显示（表 3-5、图 3-2），转 $CpTI$ 基因嘎拉果实蛋白与对照之间的吸收峰存在差异。其中转基因果实 1、4、7、9、10、11、12 没有 8 号吸收峰；转基因果实 2、7、8 没有 3 号吸收峰；在 1～3 号吸收峰中，转基因苹果 4 的相对最高峰为 3 号峰，其他均与对照相同，为 2 号峰；在 4～6 号吸收峰中，只有转基因果实 1 与对照相似，4 号吸收峰较高，而其他转基因果实的 4 号吸收峰都较低。

转基因果实 7 的吸收峰只有 4 个，其 $npt\,\mathrm{II}$ 酶活检测结果显示，在果实中 $npt\,\mathrm{II}$ 酶活信号极弱，呈阴性反应。推断认为果实中减少的 3 个吸收峰可能与 *npt* II 酶相关。

表 3-5　转基因嘎拉果实蛋白毛细管区带电泳
结果中主要差异峰的比较

果实	1 号峰	3 号峰	相对最高峰 （1～3 号）	相对最高峰 （4～6 号）	7 号峰	8 号峰
CK	有	有	2	4	有	有
1	有	有	2	4、5	无	无
2	有	无	2	5、6	有	有
3	有	有	2	5	有	有
4	有	有	3	5	有	无
6	有	有	2	5、6	有	有
7	无	无	2	5	无	无
8	有	无	2	5	有	有
9	有	有	2	5	无	无
10	有	有	2	5	无	无
11	有	有	2	6	无	无
12	有	有	2	5	有	无

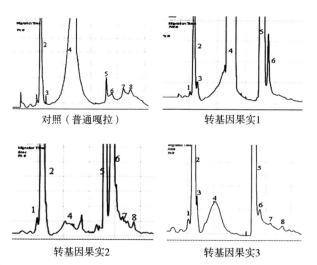

对照（普通嘎拉）　　　　转基因果实1

转基因果实2　　　　转基因果实3

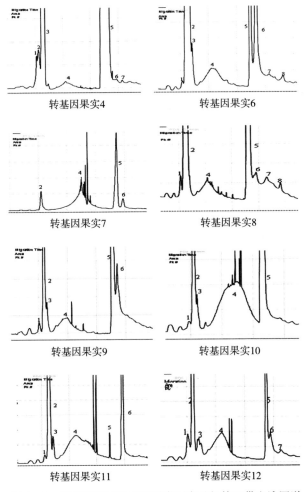

图 3-2 转基因嘎拉及对照果实蛋白毛细管区带电泳图谱

2.10 外源 *CpTI* 基因在转化株系 F₁ 代中的表现

2.10.1 转化株系 F₁ 代植株的获得

2.10.1.1 转化株系 F₁ 代种胚培养

在 4℃低温处理 30d 后将种胚接种到 MS＋0.2mg/L BA＋

2.0mg/L GA$_3$＋50g/L 蔗糖＋7.0g/L 琼脂＋5.0g/L LAH 培养基中，pH 5.8～6.0，3d 后子叶展开，7～10d 后胚根伸长，子叶增大变绿，30～40d 后胚根基本停长，胚芽发育生长成苗（附图 9）。最高成苗率可达 94.1％。

2.10.1.2 转化株系 F$_1$ 代子叶愈伤组织诱导及不定芽再生

参照李艳红[176]诱导 M$_{26}$离体叶片愈伤组织发生和不定芽再生的方法，将未发育成苗的种胚子叶切下，切成 1cm^2 左右的小块，接种于诱导愈伤组织发生的培养基（MS＋2.0mg/L 2，4－D＋1.0mg/L IAA＋0.5mg/L BA＋3％蔗糖＋0.6％琼脂，pH 5.8～6.0）中。培养温度为（25±2）℃，连续暗培养直至愈伤组织发生。愈伤组织于出愈后 10d 转至分化培养基：MS＋0.1mg/L NAA＋2.0mg/L TDZ＋4％蔗糖＋0.6％琼脂，pH 5.8～6.0。光照强度为 1 000lx，光周期为 14h 光照＋10h 黑暗，培养温度为（25±2）℃，愈伤组织芽再生频率最高达 90.0％（附图 10）。随着愈伤组织发育程度的加深和继代次数的增加，愈伤组织再生植株的频率逐渐下降。

2.10.2 卡那霉素抗性鉴定杂交后代分离规律

将转基因后代植株在含有 50mg/L 卡那霉素的继代培养基中连续筛选 3 代。结果看到，部分后代植株在含卡那霉素的培养基中生长正常；部分后代植株在含卡那霉素的培养基中逐渐失绿变白，最终死亡（附图 11）。这说明 *npt* Ⅱ 标记基因在部分转基因后代植株中能够稳定遗传。

以转基因苹果嘎拉为父本、普通型富士为母本，人工授粉条件下，2006 年植株后代卡那霉素抗性植株为 163 株，卡那霉素敏感植株为 159 株，比例 1∶1；2005 年试验样本量较小，抗性植株 8 株，敏感植株 18 株，比例 1∶2.25。以转基因苹果嘎拉为母本、普通型富士为父本，人工授粉条件下，2005 年 F$_1$ 代卡那霉素抗性植株 26 株，敏感植株 15 株，比例 1.7∶1；2006 年，F$_1$ 代卡那霉素抗性植株 27 株，敏感植株 14 株，比例 1.9∶1（表 3－6）。

经卡方检验分析，杂交后代分离比例均符合 1∶1 分离，遵从孟德尔遗传定律，说明外源基因为一显性基因，呈单点显性遗传。

表 3-6　转 *CpTI* 基因嘎拉 F₁ 代的分离

处理	年份	总数	实际株数（O）		理论株数（E）		$\chi_c^2 = \sum\left[\dfrac{(\lvert O-E\rvert - 0.5)^2}{E}\right]$
			抗性	敏感	抗性	敏感	
转基因嘎拉×	2005	41	26	15	20.5	20.5	2.439 0
普通型富士	2006	41	27	14	20.5	20.5	3.512 2
普通型富士×	2005	26	8	18	13	13	3.115 4
转基因嘎拉	2006	322	163	159	161	161	0.028 0

注：χ^2 检验取 $\chi_{0.05}^2 = 3.84$。

2.10.3　转化株系后代外源基因的分子检测

用转基因苹果后代植株叶片提取模板 DNA，*CpTI* 质粒 DNA 作阳性对照，非转化的受体苹果植株 DNA 作阴性对照，用 *CpTI* 基因的特异引物进行 PCR 扩增反应。对卡那霉素抗性苗进行的特异性 PCR 扩增结果表明，所有样本都出现了相应的 *CpTI* 基因的特异性条带，表明卡那霉素筛选所得的抗性苗含有外源基因，且 *CpTI* 和 *npt* Ⅱ 基因紧密连锁，在转基因植株杂交后代未发生分离现象（图 3-3）。

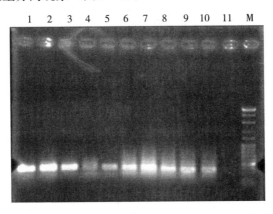

1：阳性对照（*CpTI* 质粒）　2～10：卡那霉素抗性苗

11：阴性对照（非转基因植株）　M：100bp DNA 标记

图 3-3　卡那霉素抗性植株 PCR 电泳

3 讨论

3.1 转基因苹果花粉特性

马之胜[177]认为花粉量为多基因控制的数量性状,而朱更瑞等[178]认为花粉量被一对质量因子控制,花粉量正常和不正常为一对质量性状,同时它们各自又受数量因子的修饰。刘志虎等[179]对梨花粉连续 3 年的研究认为品种(株系)基因是控制花粉量的主导因子,而相同品种(株系)花粉量的多少与树体发育强弱有密切关系。在本试验中转基因嘎拉花粉萌发率和花粉量显著低于对照,而花粉畸形率显著高于对照,这是否与外源基因的导入有关还有待进一步研究。有研究认为外源基因的插入可能会在一定程度上影响受体植株原有基因的表达,改变转基因植株的某些生理特性和次生物质代谢,进而影响转基因植株的生理性状,如植株育性等。杨洪全等[180]报道 Rch10 启动子引导的 *iaaL* 基因导入烟草后花器和果实发育发生异常现象;施荣华等[181]在对转基因油菜的研究中也发现类似情况,主要表现为株形矮壮、叶片皱缩、花粉败育、整株结实率下降;王军辉[182]发现转基因欧洲黑杨雌株在杂交时普遍存在落花、早期落果的现象。这可能是基因改造影响了转基因植物的次生物质代谢,其分子机制尚有待研究,可能与外源基因插入成花基因的位点或合成激素的基因位点有关,或者因为非等位基因间的互补、修饰、共抑制等作用,从而可能导致基因表达的失调。另外,本试验所用转基因嘎拉试材刚进入开花结果期,可能也是造成二者之间花粉活力差异的原因之一。因此尚需进行连续多年的观察,以进一步确定外源 *CpTI* 基因对花粉特性的影响。

从理论上讲,单个基因导入受体后对受体基因组的影响较小,受体也能很快稳定。但越来越多的研究表明,转基因当代或后代植株多个性状产生了不同程度的变异,其中生长矮小、育性降低等比较有代表性。可能是因为 T - DNA 插入受体基因组位点不同或外源基因的表达，影响受体植物的代谢过程，从而使表型发生改变。邵莉等（1996）研究推测，转查尔酮合酶基因矮牵牛出现雄性不育现象是由于查尔酮合酶在绒毡层细胞中表达受到抑制，从而抑制与育性有密切关系的类黄酮的合成。还有研究认为转基因植物的性状改变是组织培养和再生过程中的体细胞无性系变异造成的。张可菡等（2007）从两个花器官差异较大的转基因烟草（一个同对照）植株中扩增出完全相同的 T - DNA 插入位点的侧翼序列，且 T - DNA 插入在非编码区，说明花器官的变异不是 T - DNA 插入造成的，可能是由植株培养过程中细胞变异引起的。基因枪法共转化的 $Anti-trxs$ 和 bar 基因小麦，当代植株表现植株高度下降，育性降低，但在 T_2 代得到明显恢复，因此认为 T_0 植株的表型异常可能是由于组培苗较弱，移栽后适应能力差的一种暂时现象，而不是外源基因导入导致的遗传性变异。在转基因水稻中也得出类似结果。

转 $CpTI$ 基因嘎拉苹果植株的花粉存在外源基因，说明外源基因有通过花粉传递的可能性。本研究结果显示外源基因插入对嘎拉花粉形态没有显著影响，但多数转基因株系花粉数量、离体萌发率、生活力低于非转基因植株，另外花器官的 GA_3 和 ABA 含量发生了变化。Sawhney 等（1994）指出，乙烯大量产生，ABA 含量提高以及 GA_3 和细胞分裂素含量降低，均导致植物雄性不育。本试验中转基因花器官 GA_3 含量低于对照，而 ABA 含量在蕾期后迅速增加可能是导致其花粉萌发率低的原因之一。通过花粉粒发育过程的显微观察发现，转基因花药初期发育正常，但单核花粉粒释放后，有绒毡层不能及时解体的现象，导致花粉粒发育受阻。花药绒毡层是紧邻花粉囊壁的最内一层细胞，代谢活性高，含丰富的脂质、蛋白质，以及酶、糖类、孢粉素等，当单核花粉粒从四分体释放出来，绒毡层细胞开始降解，为小孢子发育提供营养，至花粉成熟期，绒毡层细胞完全降解。绒毡层细胞提前或延迟降解都会影响花粉粒的正常发育。本试验中转 $CpTI$ 基因嘎拉植株是通过根癌农杆菌介导的叶盘法获得，转基因株系的这种花粉粒的发育异常可能与外源基因导入和（或）组培变异有关。本课题组曾经对茎尖组培的富士、金冠品种的花粉生活力与非组培嫁接树进行比较，二者没有显著差异，而且组培苗遗传稳定性好，后代未发现变异。因此推测这种花粉粒的发育异常是基因转化所致。

虽然苹果转基因植株花粉数量、离体萌发率、生活力等育性指标明显降低，但苹果是异花授粉植物，只要合理配置授粉树，其育性降低对产量和品质不会有影响；从另一角度说，苹果转基因植株育性降低，可以降低外源基因通过苹果花粉基因漂流的生态危险，利大于弊。

3.2 关于转基因苹果果实安全性的探讨

转基因苹果食用安全性研究少有报道。目前，关于转基因食品安全性的研究，主要集中于以下几方面：①食品毒性；②食品过敏性；③抗生素的抗性；④营养问题。针对以上四点公众所关心的问题，本试验主要研究了转基因苹果果实中 *npt* II 标记基因存在和表达蛋白组成。

npt II 基因来源于细菌转座子 Tn5 上的 *ahpA*$_2$。该基因编码氨基糖苷-3'-磷酸转移酶，该酶使氨基糖苷类抗生素（新霉素、卡那霉素、庆大霉素、巴龙霉素和 G418）磷酸化而失活。该类抗生素对植物细胞表现毒性的机理是与植物细胞叶绿体和线粒体中的核糖体 30S 亚基结合，影响 70S 起始复合体的生成，干扰叶绿体及线粒体的蛋白质生物合成，最终导致植物细胞死亡。*npt* II 使 ATP 分子上的 γ-磷酸基团转移到抗生素分子上，影响抗生素与核糖体亚基的结合，从而使抗生素失活。所以，*npt* II 酶检测原理是使用放射性标记的［γ^{32}P］ATP，通过 γ-磷酸基团转移，生成带放射性的磷酸卡那霉素。利用该原理，本研究以转基因果实为试材检测果实中抗生素抗性基因活性，结果发现，绝大多数转基因果实中含有 *npt* II 酶活性，且不同果实中酶活性强度不同，其中 1 个转基因果实中未检测到 *npt* II 酶活性，3 个果实中

反应信号较弱，8 个果实中反应信号较强。

含有 $npt\ II$ 的转基因果实食用是否安全是倍受消费者关注的问题之一。目前认为 $npt\ II$ 基因是相对安全的标记基因[183]。据报道，联合国粮食及农业组织（FAO）1994 年批准的首例转基因作物——转基因延熟番茄 FLAVR SAVRTM 中，标记基因的拷贝数在每一个细胞中不超过 10 个。因此每天通过食用转基因番茄而被摄入人体内的卡那霉素抗性基因量不超过 $10^{-3}\ \mu g$。而在正常情况下，每天通过食物进入人体消化道的 DNA 量在小肠中为 $200\sim500mg$，在结肠中为 $20\sim50mg$，可见通过食用转基因食品而摄入体内的外源标记基因量与消化道中持续存在的来源于其他食品中的 DNA 量相比是微不足道的[184]。由于转基因食品中标记基因的化学组成无异常，而在食品中的含量甚微，WTO 及 FAO 认为转基因 DNA 本身不会对人体产生直接毒害作用[185]。从本研究杂交图中可以看到，转基因果实中虽然有杂交信号，但均比阳性对照弱，所以推断其 $npt\,II$ 含量少于阳性对照。进一步的定量分析将有助于完善苹果转基因果实食用安全性评价。

毛细管区带电泳是毛细管电泳中最基本、最简单、应用最广泛的一种分离模式。它是在毛细管中充满缓冲液，在电场作用下，根据各溶质的迁移时间或淌度不同而分离。由于电渗流的存在，阴、阳离子可以同时分析，中性溶质电泳迁移为零而与电渗流同时流出，因此，从原理上讲毛细管区带电泳可以适用于所有具有不同淌度的荷电粒子的分离，相对分子质量范围从小分子到几十万的生物大分子。外源基因的导入会影响受体植株蛋白质的变化[186]。本试验利用毛细管区带电泳比较了转基因果实中蛋白的变化，发现转基因果实中各种蛋白含量发生变化且蛋白种类少于对照，这可能是因为外源基因的导入和表达干扰了受体植株蛋白的代谢。由于植物体中各种蛋白质的合成和分解是协调进行的，某一种蛋白质合成的增多，会导致其他一些蛋白质的数量发生变化。

将果实 $npt\ II$ 酶活性检测结果和毛细管区带电泳结果相结合

发现，转基因果实 7 中 $npt \text{ II}$ 酶活性信号极弱，呈阴性反应，同时果实中可检测的表达蛋白数少，只有 4 个吸收峰，所以推断认为转基因果实 7 中减少的 3 个吸收峰中一个或几个可能与 $npt \text{ II}$ 酶相关。

3.3　外源基因在苹果转化株系 F_1 代中的表现

利用转基因技术进行作物改良为作物育种开辟了新途径。其重要意义在于最大限度地绕过物种生殖隔离的障碍，实现生物界遗传物质的自由交流，能使农作物获取整个生物界的遗传资源，有可能取得突破性的育种进展。从 20 世纪 80 年代初至今的 40 年的发展，产生的转基因植物已涉及多个物种，特别是转基因棉花、水稻、玉米、大豆、烟草、多种蔬菜等已经在生产上发挥了重大的增产作用，充分显示转基因具有广阔的应用前景。但是，转基因应用的实践表明，将外源基因导入受体仅仅为转基因利用提供了可能性，其在受体中受到一系列生理生化过程的作用，并以复杂的遗传方式表现出来。如不能研究清楚，并采取相应的措施，其中也可能潜伏着巨大的危机[187]。因此，研究转基因在转化体后代中的遗传规律也是转基因育种研究的重要组成部分。

在转化过程中，外源基因的整合是非常复杂的，会产生缺失或分离，导致 T - DNA 不能完整地整合到基因组中[188]。本实验结果表明，转化植株及后代的 $npt \text{ II}$ 基因和 *CpTI* 基因表现为紧密连锁。因此，用测定 $npt \text{ II}$ 活性的方法分析转基因的遗传规律是可靠的。王忠华等[189]研究表明，用相同质粒转化的秀水 11 水稻品种，其杂交及回交后代 *gus* 基因和 *crylAb* 基因连锁率为 99.49%。吴刚[190]研究表明，*gus* 基因和 *crylAb* 基因完全连锁。

外源基因一般作为显性基因遗传给后代，遵循孟德尔遗传分离定律，即自花授粉后代表现为 3∶1 分离，与非转化亲本测交后代表现 1∶1 分离，表现为单位点插入的单显性基因遗传[191]。张宝红等[192]通过研究转 *Bt* 抗虫棉杂交二代和回交一代的棉花抗虫性表现，发现杂交二代的抗虫株与非抗虫株的比例在（2.92～

3.05）：1，χ^2 测验结果表明其后代分离比例为 3：1，回交一代的分离比例为 1：1，符合由一对显性基因控制遗传性状的分离定律，表明 Bt 基因是单位点插入。本试验通过对杂交一代植株进行鉴定，结果表明外源 $CpTI$ 基因在转基因苹果杂交 F_1 代植株中表现为 1：1 分离，符合由一对显性基因控制遗传性状的分离定律，表明外源基因呈单点显性遗传。

3.4 外源基因对果实品质的影响

外源基因的导入可能会影响生物原有的生物化学途径与新陈代谢反应，导致植株性状和品质上的差异，由于部分性状间存在相关性，可能一个性状的变化会引起其他性状的相应变化。Brown[193]对苹果及 Crane 等[194]对梨的研究表明，单果重是多基因控制的数量性状，其遗传传递力低，亲本的单果重传递给子代的能力比较弱；王宇霖等[195,196]研究指出，杂种梨的单果重平均值一般小于双亲中值，甚至低于双亲。本试验中转基因嘎拉苹果与非转基因嘎拉苹果在单果重上差异不显著，表明外源基因对其无影响或影响较小。

刘志等[197]、孙志红等[198]研究表明富士苹果、香梨后代果形的遗传大多相似于亲本类型。本试验中转基因嘎拉苹果与非转基因嘎拉苹果为扁圆形或近圆形，果形指数都在 0.83～0.90，但转基因嘎拉苹果的果形指数明显高于非转基因嘎拉苹果。

果肉硬度是果实品质的重要指标之一，苹果果肉的硬度与细胞壁中的纤维素含量、细胞壁中胶层内果胶类物质的种类和数量以及果肉细胞的膨压等密切相关，不仅影响到鲜食时的口感味觉，还与果实的贮藏加工性状相关。崔艳波等[199]指出，杂交后代果实硬度的增大趋势便于选育耐贮性好的新品种，祝朋芳等[200]在草莓杂交后代果实的研究中发现了果实硬度遗传传递力最高的规律。可溶性固形物是指所有溶解于水的化合物的总称，包括糖、酸、维生素、矿物质等，可溶性固形物和酸含量除了影响果实风味和营养[201]，还影响苹果的冰点，进而影响储藏条件和加工适用性。李俊才等[202]和陈克玲等[203]分别在梨和柑橘上研究得出：可溶性固形物的遗传力高，变异系数小。

本试验结果表明转基因嘎拉苹果在果实硬度和可溶性固形物含量上明显低于非转基因嘎拉苹果，含酸量二者无显著性差异。本试验中田间转基因植株栽植间距小，非转基因对照植株在边行，存在边际效应；结果植株数量有限，初期挂果果实性状表现不够稳定，所以仅对少量转基因群体的果实性状进行了简单分析和探讨。外源基因对转基因植株果实的影响尚不明确，还需今后加强田间管理，继续系统调查分析转基因果实的性状表现。

4 结论

（1）转基因嘎拉花粉离体萌发率（24.47%）低于未转化植株（62.05%），转基因花粉显示了对卡那霉素的抗性。扫描电镜观察未发现外源基因的导入对苹果花粉粒形态、大小、纹饰等方面产生明显的影响。

（2）转基因苹果嘎拉大部分果实中可以检测到 *npt* II 酶活性，但不同果实中 *npt* II 酶活性强度有差异，其中活性较强的转基因果实占总量的 71.43%，较弱的占 21.43%，检测不到 *npt* II 酶活性的占 7.14%。

（3）经毛细管区带电泳分析，转基因嘎拉果实中蛋白种类少于对照，其中转基因果实 7 只有 4 个蛋白吸收峰。

（4）适宜转基因嘎拉和普通型富士人工杂交所得种胚培养的条件为：胚龄 40～50d，4℃低温处理 30d，培养基成分为 MS＋0.2mg/L BA＋2.0mg/L GA$_3$＋50g/L 蔗糖＋7.0g/L 琼脂＋5.0g/L LAH，pH 5.8～6.0。最高成苗率可达 94.1%。

（5）转基因嘎拉与普通型富士杂交后代中外源 *CpTI* 和 *npt* II 基因分离比例为 1∶1，符合由一对显性基因控制遗传性状的分离定律，表明外源基因为显性基因，呈单点显性遗传。

# 第四章 外源基因在砧穗间传导特性研究

　　果树转基因研究开始于 20 世纪 80 年代，经过近 20 年的发展，果树科技工作者已成功获得金冠[3]、绿袖[2,3,10]、新乔纳金[5]、皇家嘎拉[11]、元帅[13]、富士、王林[9]和粉红佳人[14]等苹果品种以及 $M_{26}^{[2]}$、$M_7^{[16]}$ 和八楞海棠[17]等砧木的转化植株。在植物转基因研究中，为了便于转化植株的筛选，在转化系统中通常要包含选择标记基因，且多选用抗生素抗性基因[204]，如新霉素磷酸转移酶基因（npt Ⅱ）。虽然设计标记基因的目的是仅在转化株系筛选阶段发挥作用，但其会存留在成熟的转基因植物中。由于抗生素抗性基因编码产生的蛋白质可以改变抗生素的分子结构，使抗生素失效[205]，因此，公众担心食用此类转基因植物会产生抗生素抗药性，这在很大程度上制约了带有抗生素标记基因的转基因产品的推广运用。

　　1972 年 Murashige 等[206]为脱除病毒创立了经典的果树茎尖嫁接技术，该技术在果树研究中被广泛应用。如该技术曾用于获得脱毒植株[206-208]，进行果树病毒检测[209]，对果树进行复壮[210,211]，对嫁接部位进行组织结构学和生理学研究[208,212]，为苗圃育苗提供大批量的嫁接苗[213]，对嫁接亲和性进行早期鉴定[214]，鉴定砧木类型[215]等。

　　本试验旨在通过试管微嫁接的方法，研究影响转基因苹果品种嫁接成活的因子，同时获得转基因微嫁接植株，探讨外源 npt Ⅱ 基因在砧穗间的基因传导性，从而为在生产上应用和推广以 npt Ⅱ 基因为标记基因的转基因果树砧木提供参考。

1 材料与方法

1.1 试验材料

以河北农业大学园艺学院生物技术实验室保存的苹果组培苗 M_{26} 以及转豇豆胰蛋白酶抑制剂基因（*CpTI* 基因，含 *npt* II 标记基因）苹果品种嘎拉、富士、王林和乔纳金组培苗为试验材料。各品种选用继代培养 $30 \sim 35d$ 的单一株系进行试验。

1.2 试验方法

1.2.1 嫁接方法

嫁接方法采用程玉琴等[214]的方法，略有改进。基本步骤如下：在无菌条件下，将作为砧木的组培苗去头，留长约 1.5cm 的茎段，将底部侧芽切除，沿砧木顶部纵切，长度约为 0.5cm；选长约 1.5cm，粗度与砧木相近的接穗，留顶部 $2 \sim 4$ 片叶子，并将其基部削成楔形（长约 0.5cm）。将接穗插入砧木中，用锡铂纸将接口部位绑紧。最后把嫁接好的试管苗接入培养基中进行培养。每种砧穗组合处理嫁接 10 株，重复 3 次。

培养条件：温度恒定在 $(26 \pm 1)℃$，光照强度 2 000 lx，每日光照时数 16h。

1.2.2 培养方法

嫁接好的砧穗组合接入继代培养基（MS＋0.5mg/L BA＋0.04mg/L NAA）中培养（激素试验除外），连续继代培养 3 代后（100d 左右）将嫁接苗接入含有 50mg/L 卡那霉素的继代培养基中进行筛选。

1.2.3 统计方法

嫁接 50d 后观察并统计嫁接成活率，嫁接成活率（％）＝成活株数/嫁接总株数×100％。

嫁接苗转入含卡那霉素的培养基后，分别于转入 15d 和 30d 观察统计砧木或接穗叶片白化情况。

百分数经反正弦转化，采用 DPS 6.55 进行数据的统计分析，显著水平 0.05。

2 结果与分析

2.1 组培苗质量对苹果微嫁接成活率的影响

苹果组培苗在继代培养基（MS＋1.0mg/L BA＋0.04mg/L NAA）中生长 30d 左右，组培苗生长旺盛，丛生性强，其叶片小且鲜嫩，但茎细，节间短，不适于嫁接。当适当降低细胞分裂素类浓度（MS＋0.5mg/L BA＋0.04mg/L NAA），30d 左右的组培苗苗高 3～4cm，径粗 0.2～0.3cm，顶端有明显的新梢，这种组培苗嫁接易成活。实验发现，组培苗培养时间过短，少于 20d，茎细，节间短，不便于操作，嫁接后易萎蔫。培养时间过长，大于 50d，叶片大，深绿色，顶端生活力弱，这种老化的组培苗嫁接时很难获得较高的成活率。

2.2 不同植物生长调节剂对苹果微嫁接成活率的影响

以转基因王林组培苗为接穗嫁接至 M_{26} 组培苗。结果见表 4－1。在未添加任何植物生长调节物质的 MS 培养基中，组培苗由于正常生长受阻，所以嫁接成活率较低，只有 6.7%，显著低于其他处理。添加植物生长调节物质可以有效提高嫁接成活率。但 BA 浓度过高，嫁接成活率下降，可能是 BA 浓度高时砧木生长旺盛，丛生严重，竞争接穗营养，使接口不能很好愈合所致。

2.3 接穗叶片数对苹果微嫁接成活率的影响

以转基因嘎拉组培苗为接穗，嫁接至 M_{26} 组培苗上，观察接穗叶片数对成活率的影响。由表 4－2 可知，接穗带有不同数量叶片对嫁接成活率有显著的影响。叶片过多或过少都不利于嫁接成活，以带 2～4 片叶片效果较好，嫁接成活率最高。

表 4-1　不同植物生长调节剂对王林/M$_{26}$嫁接成活率的影响

处理	嫁接株数（株）	成活株数（株）	嫁接成活率（%）
CK	30	2	6.7c
0.5mg/L BA+0.05mg/L NAA	30	11	36.7b
1.0mg/L BA+0.05mg/L NAA	30	25	83.3a
2.0mg/L BA+0.05mg/L NAA	30	15	50.0b

注：邓肯氏新复极差测验，$p=0.05$，不同字母表示差异显著（下同）。CK 处理为不添加植物生长调节剂。

表 4-2　接穗叶片数对嘎拉/M$_{26}$嫁接成活率的影响

叶片数（片）	嫁接株数（株）	成活株数（株）	嫁接成活率（%）
0	30	5	16.7b
2	30	15	50.0a
4	30	11	36.7ab
6	30	7	23.3b

注：培养基为 MS+0.5mg/L BA+0.05mg/L NAA。

2.4　不同品种对苹果微嫁接成活率的影响

以 M$_{26}$为砧木嫁接不同转基因苹果品种。由表 4-3 可知，M$_{26}$与各转基因苹果品种的嫁接成活率较低，且不同品种间差异不显著。

表 4-3　不同品种对嫁接成活率的影响

接穗	嫁接株数（株）	成活株数（株）	嫁接成活率（%）
嘎拉	30	12	40.0
王林	30	10	33.3
富士	30	10	33.3
乔纳金	30	6	20.0

注：培养基为 MS+0.5mg/L BA+0.05mg/L NAA。砧木为 M$_{26}$。

2.5　外源基因对苹果微嫁接亲和力的影响

以不同品种的转基因苹果组培苗为砧木，以嘎拉组培苗为接穗进行嫁接，结果表明（表4-4），苹果不同品种砧穗组合间嫁接成活率表现不同，但同一砧穗品种组合中转基因与非转基因接穗处理间嫁接成活率差异不显著，说明外源基因转入未对苹果嫁接亲和力产生影响。

表4-4　外源基因转入对苹果品种嫁接亲和力影响

砧木	接穗类型	嫁接株数（株）	成活株数（株）	成活率（％）
嘎拉	非转基因	30	15	50.0
	转基因	30	18	60.0
王林	非转基因	30	11	36.7
	转基因	30	12	40.0
富士	非转基因	30	13	43.3
	转基因	30	13	43.3
乔纳金	非转基因	30	7	23.3
	转基因	30	10	33.3

注：培养基为 MS+0.5mg/L BA+0.04mg/L NAA。接穗品种为嘎拉。

2.6　转基因砧木外源 $npt\,II$ 基因对接穗卡那霉素抗性的影响

将以转基因嘎拉组培苗为砧木、普通嘎拉组培苗为接穗嫁接成活的株系转入含有 50mg/L 卡那霉素的继代培养基（MS+0.5mg/L BA+0.04mg/L NAA）中进行卡那霉素抗性鉴定。经过连续3代的筛选，接穗嘎拉全部表现黄化或白化，而砧木转基因嘎拉萌蘖生长正常，未出现白化现象（附图12）。这说明外源 $npt\,II$ 基因只在砧木中正常表达，未通过嫁接而影响接穗。

2.7　转基因接穗外源 $npt\,II$ 基因对砧木卡那霉素抗性的影响

以 M_{26} 为砧木嫁接转基因嘎拉，将嫁接成活的株系转入含有

50mg/L 卡那霉素的继代培养基中进行卡那霉素抗性鉴定。转入 15d 后，砧木 M_{26} 上的幼叶首先出现白化，表现对卡那霉素不具有抗性，而接穗转基因嘎拉未受影响，仍可正常生长（附图 12）；转入 30d 后，砧木茎段亦表现白化（附图 12）。在连续两代筛选后，植株死亡。这说明外源 *npt* II 基因只在接穗中表达，并未通过嫁接而对砧木产生基因效应。

3 讨论

3.1 影响苹果试管微嫁接成活率的因素

对于田间嫁接，可传递不亲和性需在嫁接后的 5～10 年才能观察到[216]。而在试管微嫁接中，这种可传递不亲和性嫁接移栽后即可表现[217]。所以试管微嫁接可以大大缩短果树育种时间，对于在生产中推广和应用转基因果树苗木具有重要意义。

田间嫁接中接穗上的叶片在接口愈合前后起着不同的作用：接口愈合前接穗叶片是一个消耗体，它的存在增加了接穗的蒸发面积，过多的叶片使接穗水分过度蒸发而萎蔫死亡。接口愈合后，接穗叶片又是一个光合产物的生产者，其进行光合作用可为嫁接苗提供营养。而组培苗为异养植物，叶片不是植株生长的主要能量来源。在嫁接中接穗带有过多的叶片只会增大蒸发面积，且在嫁接操作中增加难度，降低嫁接成活率；而没有叶片或叶片过少，接穗又缺少向上吸收水分和营养的动力。因此，嫁接时适当切除接穗上过多的叶片，保留 2～4 片叶片，对提高嫁接成活率是很重要的。

Palma 等[213]以阿拉伯胶树为试材的研究认为，砧木上的叶片有助于微嫁接植株的生长。从本试验中观察到，当培养基适宜时，砧木是否带有叶片对嫁接成活影响不大。但砧木保留叶片时不利于嫁接操作，因此在苹果微嫁接时以去掉砧木上的叶片为宜。另外，嫁接成活株系砧木常有萌蘖发生，一定程度上影响接穗的生长，应及时处理。

以往的试管微嫁接研究中，主要有 3 种方法：①先嫁接愈合后生根；②先生根后嫁接；③嫁接生根同步。本实验选用先嫁接愈合后生根方法，在后续研究中用以 M_{26} 为砧木的转基因试管嫁接苗进行生根，发现砧木生根困难，未得到生根苗，而大多数嫁接苗在嫁接口的接穗部分生根，这种根对于嫁接苗移栽没有意义，说明"先嫁接愈合后生根"这种方式不适于得到嫁接生根苗。对于转基因试管嫁接苗的生根和移栽还有待于进一步研究。

3.2 *npt* Ⅱ 标记基因在苹果砧木基因转化中的利用

利用基因工程技术把外源基因导入植物细胞是现代遗传育种的重要途径。农杆菌介导法是目前研究最多、理论机理最清楚、技术方法最成熟的基因转化途径。标记基因在农杆菌介导法中的作用是帮助在植物遗传转化中筛选和鉴定转化的细胞、组织及再生植株。在选择压力下，不含标记基因及其产物的非转化细胞和组织死亡，转化细胞由于有抗性，可继续成活、分裂并分化成植株。迄今，在植物基因转化中被最广泛应用的选择标记基因是 *npt* Ⅱ 基因，通常称为卡那霉素抗性基因或新霉素抗性基因，它是植物转化中所用的第一个标记基因[204]。

虽然 *npt* Ⅱ 基因及其产物的安全性已有研究，并被作为第一个安全使用的标记基因[204]，但仍有消费者担心含有 *npt* Ⅱ 基因的食品中可能会有毒素而不利于人体健康。近年来，大量的转基因研究聚焦在选择标记基因的切除以创造无选择标记（marker-free）转基因作物上。目前在油菜[218,219]、水稻[220,221]、烟草[222,223]、大豆[224,225]、玉米[226]及大麦[227]等多种植物上成功获得无选择标记的转基因植株。然而，迄今为止仍然鲜有真正性状改良的无选择标记转基因作物新种质进入商业化生产的报告。同时，培育无选择标记转基因植株的方法仍有待完善。果树由于遗传背景复杂，且为多年生植物等因素，研究多滞后于大田作物，目前已有众多果树树种建立了以 *npt* Ⅱ 基因为选择标记的基因转化体系，而关于无选择标记基因转化尚未见报道。

本试验研究了 *npt* Ⅱ 基因在砧穗间的传导性，结果表明抗生素标记基因 *npt* Ⅱ 只在苹果转化植株体内表达，不通过嫁接在接穗与砧木间传导。苹果主要采用嫁接繁殖，砧木在苹果及其他果树生产中起重要作用，开展砧木基因转化工作具有应用范围广等特点，本研究结果为果树砧木的基因转化中 *npt* Ⅱ 标记基因的安全利用提供了有利依据，可在一定程度上消除消费者的顾虑。

4 结论

（1）转基因组培苗微嫁接接穗以选用继代培养 30d 左右，带有 2~4 片叶片的新梢为宜；适当提高 BA 浓度有利于提高嫁接成活率，其中以 MS+1.0mg/L BA+0.05mg/L NAA 培养基中嫁接成活率最高，达 83.3%。

（2）抗生素标记基因 *npt* Ⅱ 只在苹果转化植株体内表达，未通过微嫁接在砧穗间产生效应。

参考文献
References

［1］MCGRANAHAN G H，LESLIC C A，URATSU S L. *Agrobacterium*-mediated transformation of walnut somatic embryos and regeneration of transgenic plants ［J］. Bio/technology，1988，6：800-804.

［2］JAMES D J，PASSEY A J，BARBARA D J，et al. Genetic transformation of apple (*Malus pumila* Mill.) using a disarmed Ti-binary vector ［J］. Plant cell reports，1989，7：658-661.

［3］程家胜，DANDEKAR A M，URASTU S L. 苹果基因转移技术研究初报 ［J］. 园艺学报，1992，19 (2)：101-104.

［4］NORELLI J L，ALDWINCKLE H S. The role of aminoglycoside antibiotics in the regeneration and selection of neomycin phosphortransferase-transgenic apple tissue ［J］. J Amer Soc Hort Sci，1993，118 (2)：311-316.

［5］张志宏，景士西，王关林，等. 新乔纳金苹果遗传转化及基因植株再生 ［J］. 园艺学报，1997，24 (4)：378-380.

［6］PUITE K J，SCHAART J G. Genetic modification of the commercial apple cultivars Gala，Golden Delicious and Elstar vir an Agrobacterium tumefaciens-mediated transformation method ［J］. Plant science，1996，119：125-133.

［7］SCHAART J G，PUITE K J，KOLOVA L，et al. Some methodological aspects of apple transformation by *Agrobacterium* ［J］. Euphytica，1995，85：131-134.

［8］HYUNG N I，LEE C H，KIN S B. Foreign gene transfer using eletroporation and transient expression in apple (*Malus domestica* Borkh.) ［J］. Acta horiculturae，1995，392：179-185.

［9］师校欣，王斌，杜国强，等. 根癌农杆菌介导豇豆胰蛋白酶抑制剂基因转入苹果主栽品种 ［J］. 园艺学报，2000，27 (4)：282-284.

[10] 程家胜，鄂超苏，田颖川，等. 转 *Bt* 抗虫基因苹果植株的再生 [J]. 中国果树，1994（4）：14－15.

[11] YAO J L，COHEN D，ATKINSON R. Regeneration of transgenic plant from the commercial apple cultivar Royal Gala [J]. Plant cell reports，1995，14：407－412.

[12] 裴东，田颖川，刘群禄，等. 苹果叶片再生的改进及抗虫基因植株的获得 [J]. 河北农业大学学报，1996，19（4）：23－27.

[13] SRISKANDARAJAH S，GOODWIN P，SPEIRS J. Genetic transformation of the apple scion cultivar Delicious via *Agrobacterium tumefaciens* [J]. Plant cell tissue and organ culture，1994，36：317－329.

[14] SRISKANDARAJAH S，GOODWIN P. Conditioning promotes regeneration and transformation in apple leaf explants [J]. Plant cell tissue and organ culture，1998，53：1－11.

[15] SUTTER E G，LUZA J. Developmental anatomy of roots induced by agrobacterium rhizo－genes in *Malus pumila* 'M. 26' shoots grown in vitro [J]. Int J Plant Sd，1993，154（1）：59－67.

[16] KO K，BROWN S K，NORELLI J L. Alternations in *npt II* and gus expression following micropropagation of transgenic M_7 apple rootstock lines [J]. J Amer Soc Hort Sci，1998，123（1）：11－18.

[17] 赵慧，宋桂英，张光中，等. 将菜豆几丁酶基因导入苹果砧木的研究 [J]. 激光生物学报，1998，7（3）：163－167.

[18] MAXIMOVA S N，DANDEKAR A M，GUILTINAN M J. Investigation of *Agrobacterium*－mediated transformation of apple using green fluorescent protein：high transient expression and low stable transformation suggests that factors other than T－DNA transfer are rate－limiting [J]. Plant molecular biology，1998，37：549－559.

[19] JAMES D J，PASSEY A J，WEBSTER A D，et al. Transgenic apple and strawberry：advances in transformation，introduction of genes for insect resistance and field studies of tissue cultured plant [J]. Acta horiculturae，1993，336：179－184.

[20] NORELLI J，ALDWINCKLE H，DESTEFANO B L. Transgenic Malling 26 apple expressing the attacin E gene has increased resistance to *Erwinia amylovora* [J]. Euphytica，1994，77：123－128.

［21］刘庆忠，赵红军，刘鹏，等. 抗菌肽 MB_{39} 基因导入皇家嘎啦苹果及其四倍体植株的培育 ［J］. 园艺学报，2001，28（5）：392 - 398.

［22］刘庆忠，赵红军，孙清荣，等. 抗真菌 γ-硫堇蛋白 Rs - afp_1 基因导入苹果获得转基因植株 ［J］. 农业生物技术学报，2001，9（3）：239 - 242.

［23］LAMBERT C，TEPFER D. Use of *Agrobacterium rhizogenes* to create transgenic apple having an altered organogenic response to hormones ［J］. Theor Appl Genet，1992，85：105 - 109.

［24］HOLEFORS A，XUE Z T，ZHU L H，et al. The *Arabidopsis* phytochrome B gene influcences growth of apple rootstock M_{26} ［J］. Plant cell reports，2000，19：1049 - 1056.

［25］渠慎春，张君毅，陶建敏，等. 转番茄铁载体基因（*LeIRT₂*）八棱海棠对缺铁胁迫的响应 ［J］. 中国农业科学，2005，38（5）：1024 - 1028.

［26］叶霞，黄晓德，陶建敏，等. 农杆菌介导 *Ferrition* 基因转化苹果的研究 ［J］. 果树学报，2005，22（4）：387 - 389.

［27］DANDEKAR A M，MCGRANAHAN G H，URATSU S L，et al. Engineering for apple and walnut resistant to codling moth. Proceedings，Brighton crop protection conference，pest and disease ［C］. Brighton，1992（23 - 26）：741 - 747.

［28］NORELLI J，ALDWINCKLE G，DESTEFANO B L，et al. Increasing the fire blight resistance of apple by transformation with genes encoding antibacterial proteins ［J］. Acta horiculturae，1993，338：385 -386.

［29］HOLEFORS A，XUE Z T，WELANDER M. Transformation of the apple rootstock M_{26} with the *rolA* gene and its influence on growth ［J］. Plant science，1998，136：69 - 78.

［30］童彤. 美国："北极"苹果开始商业化种植 ［J］. 中国果业信息，2015，32（7）：33.

［31］JEFFERSON R A. Assaying chimeric genes in plants：the GUS gene fusion system ［J］. Plant Mol Biol Rpt，1987，5：387 - 405.

［32］萨姆布鲁克，拉塞尔. 分子克隆实验指南 ［M］. 3 版. 黄培堂，等，译. 北京：科学出版社，2002.

［33］MATZK A，MANTELL S，SCHIEMANN J. Localization of persisting agrobacteria in transgenic tobacco plants ［J］. Molecular plant - microbe interactions，1996，9：373 - 381.

[34] JAMES D J, PASSEY A J, BAKER S A, et al. Transgenes display stable patterns of expression in apple fruit and Mendelian segregation in progeny [J]. Bio/technology, 1996, 14 (6): 56 - 60.

[35] YAO J L, COHEN D, VANDEN BRINK R, et al. Assement of expression and inheritance patterns of three transgenes with the aid of techniques for promoting rapid flowering of transgenic apple trees [J]. Plant cell reports, 1999, 18: 727 - 732.

[36] HAMMERSCHLAG F A, ZIMMERMAN R H, YADAVA U L, et al. Effect of antibiotics and exposure to an acidified medium on the elimination of *Agrobacterium tumefaciens* from apple leaf explants and on shoot regeneration [J]. J Amer Soc Hort Sci, 1997, 122 (6): 758 - 763.

[37] 邵宏波, 初立业, 姜恩来. 转基因技术在果树抗性育种中的应用 [J]. 北方园艺, 1994, 3: 12 - 13.

[38] JAMES D J, PASSERY A, RUGINI E, et al. Factors affecting high frequency plant regeneration from apple leaf tissues cultured in vitro [J]. Plant physiol, 1988, 132: 148 - 154.

[39] KORBAN S S, O'CONNOR P A, ELOBEIDY A, et al. Effect of thidiazuron, naphthaleneacetic acid, dark incubation and genotype on shoot organogenesis from *Malus* leaves [J]. Hort Sci, 1992, 67 (3): 341 - 349.

[40] 时保华, 付润民, 赵政阳, 等. 苹果叶片离体培养研究 [J]. 西北植物学报, 1995, 15 (1): 67 - 72.

[41] FAMIANI F, FERRADINI N, STAFFOLANI P, et al. Effect of leaf excision time and age, BA comcentration and dark treatment on in vitro shoot regeneration of M_{26} apple rootstock [J]. Hort Sci, 1994, 69 (4): 679 - 685.

[42] WELANDER M, MAHESWARAN G. Shoot regeneration from leaf explant of dwarfing apple rootstock [J]. Plant physiology, 1992, 140: 223 - 228.

[43] FASOLO F, ZIMMERMAN R H, FORDHAM I, et al. Adventitious shoot formation on excised leaves of in vitro grown shoots of apple cultivars [J]. Plant cell tissue and organ culture, 1989, 16: 75 - 87.

[44] PAWLIKI N, WELANDER M. Adventitious shoot regeneration from leaf segments of in vitro cultured shoots of the apple rootstock Jork 9

[J]. Hort Sci, 1994, 69 (4): 687 - 696.

[45] 裴东. 苹果基因转化及叶片离体再生的研究 [D]. 保定：河北农业大学, 1992.

[46] CHRITEL T H, ROBERT T H. Influence of TDZ and BA on adventitious shoot regeneration from apple leaves [J]. Acta horiculturae, 1990, 280: 195 - 199.

[47] DUFOUR M. Improving yield of adventitious shoots in apple [J]. Acta horiculturae, 1990, 280: 51 - 58.

[48] WALENDER M. Plant regeneration from leaf and stem segment of shoots raised in vitro from mature apple tree [J]. Plant physiology, 1988, 132: 738 - 744.

[49] DRAUT P H. Effect of culture conditions and leaf selection on organogenesis of *Malus domestica* cv. McIntosh Wijcik and *Prunus canescens* [J]. Acta horiculturae, 1990, 280: 117 - 124.

[50] 师校欣, 杜国强, 高仪, 等. 苹果离体叶片高效再生不定芽技术研究 [J]. 果树科学, 1999, 16 (4): 255 - 258.

[51] 邵建柱. 苹果离体叶片高效再生及其细胞组织学观察 [D]. 保定：河北农业大学, 1995.

[52] 李玉生, 吴永杰, 程和禾, 等. 转基因苹果研究现状与展望 [J]. 安徽农业科学, 2011, 39 (12): 6965 - 6967.

[53] DAI H, LI W, MAO W, et al. Development of an efficient regeneration and *Agrobacterium* - mediated transformation system in crab apple (*Malus micromalus*) using cotyledons as explants [J]. In vitro cellular developmental biology - plant, 2014, 50 (1): 1 - 8.

[54] 张志宏. 苹果叶片离体再生不定芽及遗传转化研究 [D]. 沈阳：沈阳农业大学, 1996.

[55] DANDEKAR A M, MARTIN L A, MC GRANAHAN G H. Genetic transformation and foreign gene expression in walnut tissue [J]. J Amer Soc Hort Sci, 1998, 113: 949 - 949.

[56] DANDEKAR A M, URATSU S L, MATSUTA N. Factors influencing virulence in *Agrobacterium* - mediated transformation of apple [J]. Acta horticulturae, 1990, 280: 483 - 494.

[57] MAHESWARAN G, WELANDER M, HUTCHINSON J F, et al.

Transformation of apple rootstock M$_{26}$ with *Agrobacterium tumefaciens* [J]. Plant physiology, 1992, 139: 560 - 568.

[58] DE BONDT A, EGGERMONT K, DRUART P, et al. *Agrobacterium* - mediated transformation of apple (*Malus domestica* Borkh.): an assessment of factors affecting gene transfer effiency during early transformation steps [J]. Plant cell reports, 1994, 13: 587 - 593.

[59] 张志宏, 方宏筠, 景士西, 等. 苹果主栽品种高效遗传转化系统的建立及其影响因子的研究 [J]. 遗传学报, 1998, 25 (2): 160 - 165.

[60] 牛淑庆, 陈丽, 李雨欣, 等. 根癌农杆菌介导苹果愈伤组织遗传转化体系的优化 [J]. 北京农学院学报, 2021, 36 (1): 37 - 41.

[61] 段艳欣. 苹果 M$_7$ 砧木组织培养与抗性筛选 [J]. 江苏农业科学, 2014, 42 (10): 52 - 54.

[62] 曾黎辉, 吕柳新. 木本果树遗传转化研究进展 [J]. 果树学报, 2002, 19 (3): 191 - 198.

[63] ASSAAD F F, TUCKER K L, SINGER E R. Epigenetic repeat induced gene silencing (RIGS) in *Arabidopsis* [J]. Plant molecular biology, 1993, 22: 1067 - 1085.

[64] SABL J F, HENIKOFF S. Copy numbers and orientation determine the susceptibility of a gene silencing by nearby heterochromatin in *Drosophila* [J]. Genetic, 1996, 142: 447 - 458.

[65] IYER L M. Transgene silencing in monocots [J]. Plant molecular biology, 2000, 43: 323 - 346.

[66] 叶霞. 苹果、梨铁蛋白基因的克隆及菜豆铁蛋白基因在转基因苹果和番茄植株中的表达特性研究 [D]. 南京: 南京农业大学, 2006.

[67] 彭存智, 刘志昕, 郑学勤. 植物转基因沉默研究进展、对策及应用 [J]. 生命的化学, 2001, 21 (5): 407 - 409.

[68] PARK R D, PAPP I, MOSCONE E A, et al. Gene silencing mediated by promoter homology occurt at the level of transcription and results in meiotically heritable alternation in methylation and gene activity [J]. Plant journal, 1996, 9 (2): 183 - 194.

[69] LIU Z Z, WANG J L, HUANG X, et al. The promoter of a rice glycine - rich protein gene, Osgrp - 2, confers vascular - specific expression in transgenic plants [J]. Planta, 2003, 216: 824 - 833.

［70］ 袁正强，贾燕涛，吴家和，等．三个韧皮部特异性启动子在转基因烟草中表达的比较研究［J］．农业生物技术学报，2002，10（1）：6－9．

［71］ 陈潜，汪迎春，张利明，等．花药特异嵌合启动子的构建及雄性不育转基因拟南芥的获得［J］．农业生物技术学报，2001，9（1）：62－64．

［72］ PEAR J R, RIDGE N, RASMUSSEN R. Isolation and characterization of fruit－specific cDNA and the corresponding clone from tomato ［J］. Plant molecular biology, 1989, 13: 639－651.

［73］ CARMI N, SALTS Y, DEDICOVA B, et al. Induction of parthenocarpy in tomato via specific expression of the *rolB* gene in the ovary ［J］. Planta, 2003, 217: 726－735.

［74］ BROER. Stress inactivation of foreign genes in transgenic plants ［J］. Field crops research, 1996, 45: 19－25.

［75］ MEYER G E, FLETCHER M R, FITZGERALD J B. Calibration and use of a pyroelectric thermal camera and imaging system for greenhouse infrared heating evaluation ［J］. Computers and electronics in agriculture, 1994, 10: 215－227.

［76］ PETKO L, LINDQUIST S. Hsp26 is not required for growth at high temperatures, nor for thermotolerance, spore development, or germination ［J］. Cell, 1986, 45（6）: 885－894.

［77］ 姚建任，彭于发，董丰收，等．国际社会对转基因植物食品安全性的关注［J］．科学导报，2002（8）：43－46．

［78］ WASTON D H. Safety of chemicals in food chemical contaminants ［M］. New York: Ellis Horwood, 1993.

［79］ 李文凤，季静，王罡，等．提高转基因植物标记基因安全性策略的研究进展［J］．中国农业科学，2010，43（9）：1761－1770．

［80］ 王洪伟．转基因植物标记基因的安全性问题及其对策［J］．生物学教学，2014，39（5）：68－69．

［81］ 陈波利，钱文丹．运用基因工程技术提高转基因植物的安全性研究［J］．乡村科技，2018（9）：22－23．

［82］ LIU X, XU S, XU J, et al. Application of CRISPR/Cas9 in plant biology ［J］. Acta Pharmaccutica Sinica B, 2017, 7（3）: 292－302.

［83］ HILBECK A, BAUMGARTNER M, FRIED P M, et al. Effects of transgenic *Bacillus thuringiensis* corn－fed prey on mortality and development time of immature *Chrysoperla carnea*（Neuroptera：Chrysopidae）[J]. Environmental entomology，1998，27：480-487.

[84] NORDLEE J, ASTWOOD J D, TOWNSEND R, et al. Identification of a Brazil-nut allergen in transgenic soybeans [J]. The new England journal of medicine，1996，334：688-692.

[85] 杨晓泉，卞华伟.食品毒理学 [M].北京：中国轻工业出版社，1999.

[86] 李欣竹.Crylle 蛋白的模拟胃肠液消化稳定性及热稳定性分析 [J].生物技术通报，2015，31（11）：214-221.

[87] 陈德龙，张蒔眉，邹世颖，等.转基因耐草甘膦除草剂玉米 CC-2 喂养 SD 大鼠 90 天亚慢性毒性研究 [J].农业生物技术学报，2013，21（12）：1448-1457.

[88] 王瑶，卢佳希，胡贻椿，等.转 *CrylAb-ma* 基因玉米对大鼠的亚慢性毒性研究 [J].中国食物与营养，2022，28（1）：10-16.

[89] 贺晓云.抗玉米根虫的转基因 DAS-59122-7 玉米和非转基因玉米 SD 大鼠 90 天喂养实验的结果比较 [J].农业生物技术学报，2013，21（12）：1533.

[90] APPENZELLER L M, MALLEY L L, MACKENZIE S A, et al. Subchronic feeding study with genetically modified stacked trait lepidopteran and coleopteran resistant（DAS-Ø15Ø7-1xDAS-59122-7）maize grain in Sprague-Dawley rats [J]. Food Chem Toxicol，2009，47（7）：1512-1520.

[91] 朱元招.抗草甘膦大豆转基因 PCR 监测及其饲用安全研究 [D].北京：中国农业大学，2004.

[92] 吴争，夏芝璐，雷达，等.转基因大豆油对低营养模型小鼠免疫功能的影响 [J].实践与检验医学，2020，38（5）：847-852.

[93] MALATESTA M, BORALDI F, ANNOVI G, et al. A long-term study on female mice fed on a genetically modified soybean：effects on liver ageing [J]. Histochemistry and cell biology，2008，130（5）：967-977.

[94] 吴凯晋.转基因抗矮花叶玉米对大鼠部分亚慢性毒性指标的影响 [J].安徽农业科学，2010，38（12）：6224-6226.

[95] 张宇，令狐丽琴，胡贻椿，等.转 AO 基因高植酸酶玉米营养学评价分析 [J].中国食物与营养，2017，23（5）：50-54.

[96] 王卫国，过世东.GM 饲料 DNA 在加工和畜禽消化道中的降解：转

基因饲料安全性评价 [J]. 粮食与饲料工业，2004（10）：38-40.

[97] MURRAY S R, BUTLER R C, TIMMERMAN-VAUGHAN G M. Quantitative real-time PCR assays to detect DNA degradation in soy-based food products [J]. Journal of the science of food and agriculture, 2009, 89 (7): 1137-1144.

[98] FERNANDES T J R, OLIVEIRA M B P P, MAFRA I. Tracing transgenic maize as affected by breadmaking process and raw material for the production of a traditional maize bread, broa [J]. Food chemistry, 2013, 138 (1): 687-692.

[99] 覃文，曹际娟，朱水芳. 加工产品中转基因玉米 Bt11 成分实时荧光 PCR 定量（性）检测 [J]. 生物技术通报，2003（6）：46-50.

[100] DOE. Gene flow in natural populations of *Brassica* and *Beta* [C]. Research report, 1995.

[101] CAMPBELL L G, BLANCHETTE C M, SMALL E. Risk analysis of gene flow from cultivated, addictive, social-drug plants to wild relatives [J]. The botanical review, 2019, 85: 149-184.

[102] LEE M S, ANDERSON E K, STOJSIN D, et al. Assessment of the potential for gene flow from transgenic maize (*Zea mays* L.) to eastern gamagrass (*Tripsacum dactyloides* L.) [J]. Transgenice reasearch, 2017, 26: 501-514.

[103] MILLWOOD R, NAGESWARA-RAO M, YE R, et al. Pollen-mediated gene flow from transgenic to non-transgenic switch grass (*Panicum virgatum* L.) in the field [J]. BMC biotechnology, 2017 (17): 40.

[104] KIM D S, SONG I, KO K. Low risk of pollen mediated gene flow in transgenic plants under greenhouse conditions [J]. Horticulture, environment, and biotechnology, 2018, 59: 723-728.

[105] ZHANG C J, YOOK M J, PARK H R, et al. Evaluation of maximun potential gene flow from herbicide resistant *Brassica napus* to its male stcrile relabivcs under open and wind pollination condition [J]. Seience of total environment, 2018, 634: 821-830.

[106] 李海强，李号宾，王冬梅，等. 转 *BtCry1Ac* 基因抗虫棉花外源基因漂移研究 [J]. 新疆农业科学，2018，55（2）：277-284.

[107] 沈法富，于元杰，张学坤，等. 转基因棉花的 *Bt* 基因流 [J]. 遗传

学报，2001，28（6）：562-567.

[108] 王长永，刘燕，周骏，等.花粉介导的转 *Bt* 基因棉花田间基因流监测 [J].应用生态学报，2007，18（4）：801-806.

[109] 贺娟，朱威龙，朱家林，等.风、蜜蜂因素对转 *CrylAc* 基因棉花花粉介导的基因漂移的影响 [J].棉花学报，2013，25（5）：453-458.

[110] 张宝红，郭腾龙.转基因棉花基因花粉散布频率及距离的研究 [J].应用与环境生物学报，2000，6（1）：39-42.

[111] 连丽君，李莹，王娟，等.转 *betA/als* 基因棉花生存竞争力和基因漂流的调查 [J].山东大学学报（理学版），2009，44（5）：20-27.

[112] HEUBERGER S，ELLERSKIRK C，TABASHNIK B E，et al. Pollen - and seed - mediated transgene flow in commercial cotton seed production fields [J].Plos one，2010，5（11）：e14128.

[113] ILEWELLYN D，TYSON C，CONSTABLE G，et al. Containment of regulated genetically modified cotton in the field [J]. Agriculture ecosystems & environment，2007，121（4）：419-429.

[114] 杨昌举，宋林，王竹.转基因大豆对生物多样性的影响 [J].环境保护，2002，11：24-27.

[115] 钱迎倩，魏伟.再论生物安全 [J].广西科学，2003，10（3）：126-128，134.

[116] 索海翠，熊瑞全，马启斌，等.转基因大豆的潜在风险及发展趋势研究 [J].广东农业科学，2010（10）：244-245.

[117] ZHOU Q J，WEI W，MA K P. Performance of transgenic *Bt* cotton in field and its effects on general predatory natural enemies [A] // CHEN Z L . The 7th international symposium on the biosafety of GMOs [C]. Peking：Peking University Publishing House，2002.

[118] FULLER R J，GREGORY R D，GIBBONS D W，et al. Population declines and range contradiction among lowland farmland birds in Britain [J]. Conservation biology，1995，9：1425-1441.

[119] WATKINSON A R，FRECKLETON，ROBINSON R A，et al. Predictions of biodiversity response to genetically modified herbicide - tolerant crops [J]. Science，2002，69：1554-1557.

[120] 陆雅海，张福锁.根际微生物研究进展 [J].土壤，2006，38（2）：113-121.

［121］刘峰，温学森．根系分泌物与根际微生物关系的研究进展［J］．食品与药品，2006，8（9）：37－40.

［122］刘文娟，刘勇．转 *Bt* 基因作物毒蛋白对土壤生态系统的影响［J］．中国测试，2009，35（6）：91.

［123］徐广惠，王宏燕，刘佳．抗草甘膦转基因大豆（RRS）对根际土壤细菌数量和多样性的影响［J］．生态学报，2009，29（8）：4535.

［124］李刚，赵建宁，杨殿林．抗草甘膦转基因大豆对根际土壤细菌多样性的影响［J］．中国农学通报，2011，27（1）：100－104.

［125］李孝刚，刘标，徐文华．转 *Bt* 基因抗虫棉对土壤微生物群落生物多样性的影响［J］．生态与农村环境学报，2011，27（1）：17－22.

［126］邹雨坤，张静妮，杨殿林．转 *Bt* 基因玉米对根际土壤细菌群落结构的影响［J］．生态学杂志，2011，30（1）：98－105.

［127］张美俊，杨武德．转 *Bt* 基因棉叶对土壤微生物多样性的影响［J］．中国生态农业学报，2010，18（2）：307－311.

［128］刘微，王树涛，陈英旭．转 *Bt* 基因水稻根际土壤微生物多样性的磷脂脂肪酸（PLFAs）表征［J］．应用生态学报，2011，22（3）：727－733.

［129］朱荷琴，冯自力，刘雪英．转 *CpTI* 基因对棉花根际土壤中微生物的影响［J］．棉花学报，2009，21（5）：366－370.

［130］甄志先，王进茂，杨敏生．转抗虫基因杨树对土壤微生物影响分析［J］．河北农业大学学报，2011，34（1）：78－81.

［131］NIESEN K M，GEBHARD F，SMALLA K，et al. Evaluation of possible horizontal gene transfer from transgenic plants to the soil bacterium *Acinetobacter calcoaceticus* BD413［J］．Theor Appl Genet，1997，95：815－821.

［132］DROGE M，PUHLER A，SELBITSCHKA W. Horizontal gene transfer among bacteria in terrestrial and aquatic habitats as assessed by microcosm and field studies［J］．Biology and fertility of soils，1999（29）：221－245.

［133］束怀瑞，等．苹果学［M］．北京：中国农业出版社，1999.

［134］国家统计局．https：//data. stats. gov. cn/easyquery. htm？cn＝C01.

［135］中华人民共和国海关总署海关统计数据在线查询平台．http：//stats. customs. gov. cn/.

［136］杜国强，师校欣，马宝焜，等．一种适宜苹果组培苗的 DNA 提取方法［J］．河北农业大学学报，1999，22（3）：42－43.

[137] 梁革梅，谭维嘉. 人工饲养棉铃虫技术的改进 [J]. 植物保护，1999，2：15.

[138] 孙明清，鲁艳辉，臧少先，等. 22 种中草药杀虫活性的筛选 [A] //当代昆虫学研究 [C]. 中国昆虫学会成立 60 周年纪念大会暨学术讨论会，2004：246-248.

[139] 周冬生，吴振廷. 转 *Bt* 基因棉抗虫性的室内鉴定技术 [J]. 安徽农业科学，2000，28（5）：620-622.

[140] 唐启义，冯明光. 实用统计分析及其 DPS 数据处理系统 [M]. 北京：科学出版社，2003.

[141] 王琛柱，钦俊德. 棉铃虫幼虫中肠主要蛋白酶活性的鉴定 [J]. 昆虫学报，1996，39（1）：7-13.

[142] 张鑫. 苹果组培苗 RT-PCR 体系建立及外源 *CpTI* 基因在 mRNA 水平表达的研究 [D]. 保定：河北农业大学，2006.

[143] 谷瑞升，刘群录，陈雪梅，等. 木本植物蛋白提取和 SDS-PAGE 分析方法的比较和优化 [J]. 植物学通报，1999，16（2）：171-159.

[144] SKIRVIN R M, MCPHEETERS K D, NORTON M. Sources and frequency of somaclonal variation [J]. Hort Sci, 1994, 29 (11): 1232-1237.

[145] 王正询，刘鸿先. 香蕉苗试管繁殖染色体数量畸变的研究 [J]. 遗传学报，1997，24（6）：550-560.

[146] 杜国强，师校欣，张庆良，等. 苹果不同继代次数的茎尖组培苗同工酶酶谱及 RAPD 分析 [J]. 园艺学报，2006，33（1）：33-37.

[147] RAYBURN A L, GILL B S. Use of biotin-labeled probes to map specific DNA sequence on wheat chromosome [J]. J Hered, 1985, 76: 78-81.

[148] JIANG J, GILL B S. Nonisotopic in situ hybridization and plant genome mapping: the first 10 years [J]. Genome, 1994, 37: 717-725.

[149] LEHFER H, BUSCH W, MARTIN R, et al. Localization of the B-hordein locus on barley chromosomes using fluorescence in situ hybridization [J]. Chromosoma, 1993, 102: 428-432.

[150] JIANG J, GILL B S, WANG G L, et al. Metaphase and interphase fluorescence in situ hybridization mapping of the rice genome with bacterial artificial chromosomes [J]. Proc Natl Acad Sci USA, 1995,

92：4487－4491.

［151］ LEITCH I J，HESLOP－HARRISON J S. Physical mapping of four sites of 5S rDNA sequences and one site of the a－amylase－2 gene in barley（*Hordeum vulgare*）［J］. Genome，1993，36：517－523.

［152］ HANSON R E，ZWICK M S，CHOI S，et al. Fluorescent in sifu hybridization of a bacterial artificial chromosome［J］. Genome，1995，38：646－651.

［153］ GUSTAFSON J P，DILLE J E. The chromosome location of *Oryza sativa* recombination linkage group［J］. Proc Nat Acad Sci USA，1992，89：8646－8650.

［154］ REN N，SONG Y C，BI X Z，et al. The physical location of genes *cdc2* and *prhl* in maize（*Zea mays* L.）［J］. Hereditas，1997，126：211－217.

［155］ LI L J，SONG Y C，YAN H M，et al. The physical location of the gene *htl*（*Helminthosporium turcium resistance 1*）in maize（*Zea mays* L.）［J］. Hereditas，1998，129：101－106.

［156］ HENDERSON A S. Cytological hybridization to mammalian chromosomes［J］. International review of cytology，1992，76：1－41.

［157］ PINKEL D，STRAUME，GRAY J W. Cytogenetic analysis quantitative，high－sensitivity fluorescence hybridization［J］. Proc Natl Acad Sci USA，1986，83：2938－2943.

［158］ SHEN D L，WANG Z F，WU M. Gene mapping on maize pachytene chromosomes by in situ hybridization［J］. Chromosoma，1987，95：311－314.

［159］ PETERSON D G，LAPITAN N L V，STACK S M. Localization of single and low copy sequences on tomato synaptonemal complex spreads using fluorescence in situ hybridization（FISH）［J］. Genetics，1999，152：427－439.

［160］ 韩永华. 玉米及其近缘种基因组的比较荧光原位杂交分析［D］. 武汉：武汉大学，2003.

［161］ 轩书欣. 荧光原位杂交技术在大白菜染色体基因定位中的应用研究［D］. 保定：河北农业大学，2006.

［162］ 陈春丽. 柑橘体细胞杂种细胞遗传学及抗 CTV 等基因对枳的 FISH

分析 [D]. 武汉：华中农业大学，2004.

[163] MATZKE M A，MOSCONE E A. Inheritance and expression of a transgene insert in an aneuploeid tobacco line [J]. Molecular and general genetics，1994，245：471 - 485.

[164] FUTUYMA D J. Evolutionary biology [M]. 3rd edition. Sunderland：Sinauer，1998.

[165] LEVIN D A，KERSTER H W. Gene flow in seed plants [J]. Evol Biol，1974，7：139 - 220.

[166] MANASSE R. Ecological risks of transgenic plants：effects of spatial dispersion on gene flow [J]. Ecological applications，1992，2：431 - 438.

[167] ARNOLD M L，HODGES S A. Are natural hybrids fit or unfit relative to their parents? [J]. Trends in ecology and evolution，1995，10 (2)：67 - 71.

[168] ARRIOLA P E，ELLSTRAND N C. Fitness of interspecific hybrids in the genus *Sorghum*：persistence of crop genes in wild populations [J]. Ecological applications，1997，7：512 - 518.

[169] BERGELSON J，PURRINGTON C B，WICHMANN G. Promiscuity in transgenic plants [J]. Nature，1998，395：25.

[170] HOKANSON S C，HANCOCK J F，GRUMET R. Direct comparison of pollen - mediated movement of native and engineered genes [J]. Euphytica，1997，96 (3)：397 - 403.

[171] LEFOL E，FLEURY A，DARMENCY H. Gene dispersal from transgenic crops hybridization between oilseed rape and the wild hoarymustard [J]. Sexual plant reproduction，1996，9：189 - 196.

[172] MIKKELSEN T R. The risk of crop transgene spread [J]. Nature，1996，380：31.

[173] 中国林业科学研究院分析中心. 现代实用仪器分析方法 [M]. 北京：中国林业出版社，1994.

[174] 王关林，方宏筠. 植物基因工程 [M]. 北京：科学出版社，2002.

[175] SONG J，BRAUN G，BRAUN E，et al. A simple protocol for protein extraction of recalcitrant fruit tessues suitable for 2 - DE and MS analysis [J]. Eledtrophoresis，2006，27：3144 - 3151.

[176] 李艳红. 苹果砧木 M_{26} 离体叶片愈伤组织发生和不定芽再生研究

[D]. 保定：河北农业大学，1996.

[177] 马之胜. 某些苹果品种花粉量的研究初报 [J]. 果树科学，1998，15（4）：14-15.

[178] 朱更瑞，龚方成，左覃元，等. 桃花粉量的测定与分析 [J]. 果树科学，1998，15（4）：360-363.

[179] 刘志虎，何天明，钟芳. 梨花粉量的测定与分析 [J]. 甘肃林业科技，2003，28（1）：34-36.

[180] 杨洪全，卫志明，许智宏. Rch10 启动子引导 *iaaL* 基因在转基因烟草中表达导致花器官发育的变异 [J]. 植物学报，1996，38（7）：541-547.

[181] 施荣华，李学宝. 外源基因在转基因油菜后代中的表达及遗传学分析 [J]. 华中师范大学学报（自然科学版），2000，34（2）：208-212.

[182] 王军辉. 转 *Bt* 基因抗虫欧洲黑杨安全性评价研究 [D]. 北京：中国林业科学研究院，2002.

[183] 徐茂军. 转基因食品中标志基因 *aph*（3'）-*II a* 等安全性评价 [J]. 中国公共卫生，2002，18（3）：371-372.

[184] REDENBAUGH K. Safey assessment of genetically engineered fruits and vegetables：a case study of FLAVR SAVRTM tomato [M]. Florida：CRC Press，1992.

[185] FDA. Secondary direct food additives permitted in food for human consumption：food additives permitted in feed and drinking water of animals；aminoglycoside 3'-phosphotransferase II [J]. Federal register，1994，59：26700-26711.

[186] 姬生栋，李吉学，徐存拴，等. 离子束介导大豆 DNA 小麦后代的蛋白质变异性分析 [J]. 麦类作物学报，2001，21（3）：18-21.

[187] JOCELYN K. Pests overwhelm *Bt* cotton [J]. Science，1996，273：26.

[188] STEWART C N，ALONG M J，ALL J N，et al. Genetic transformation，Recovery，and characterization of fertile soybean transgenic for a synthetic *Bacillus thuringiensis crylAc* gene [J]. Plant physiology，1996，112：121-129.

[189] 王忠华，崔海瑞，舒庆尧，等. *Bt* 水稻杂交育种中转基因的遗传分析 [J]. 遗传，2000，22（5）：308-312.

[190] 吴刚. *crylAb* 基因在转基因水稻中的遗传、表达与沉默 [D]. 杭州：

浙江大学，2000.

[191] PENG J，KONONOWICZ H，HODGES T K. Transgenic indica rice plants [J]. Theor Appl Genet，1992，83：855 - 863.

[192] 张宝红，郭腾龙，王清连. 转基因棉花的遗传研究 [J]. 生命科学研究，2000，4（2）：136 - 142.

[193] BROWN A C. The inheritance of shape，size，and season of ripening in progenies of the cultivated apple [J]. Euphytica，1960，9：327 - 337.

[194] CRANE M B，LEWIS D. Genetic studies in pears vegetative and fruit characters [J]. Heredity，1949，14（3）：85 - 97.

[195] 王宇霖，WHITE A，BREWER L，等. 红皮梨育种研究报告 [J]. 果树学报，1997，14（2）：71 - 76.

[196] 王宇霖，魏闻东，李秀根. 梨杂种后代亲本性状遗传倾向研究 [J]. 果树学报，1991，8（2）：75 - 82.

[197] 刘志，伊凯，王冬梅，等. 富士苹果果实外观品质性状的遗传 [J]. 果树学报，2004，21（6）：505 - 511.

[198] 孙志红，郝为民，董延年. 香梨正反交后代亲本性状的遗传 [J]. 果树学报，2003，20（2）：84 - 88.

[199] 崔艳波，陈慧，乐文全，等. '京白梨'与'鸭梨'正反交后代果实性状遗传倾向研究 [J]. 园艺学报，2011，38（2）：215 - 224.

[200] 祝朋芳，陈长青. 草莓两个经济性状遗传特性的研究 [J]. 北方果树，2004（3）：8 - 9.

[201] 龚林忠，何华平，王富荣，等. '大红袍'桃杂交 F_1 代若干性状遗传倾向初步分析 [J]. 长江大学学报，2009，6（2）：21 - 24.

[202] 李俊才，伊凯，刘成隋，等. 梨果实部分性状遗传倾向研究 [J]. 果树学报，2002，19（2）：87 - 93.

[203] 陈克玲，陈力耕，刘建军，等. 柑橘果实主要性状的遗传倾向研究 [J]. 西南农业学报，2006，19（6）：1114 - 1120.

[204] 贾士荣. 转基因植物食品中标记基因的安全性评价 [J]. 中国农业科学，1997，30（2）：1 - 15.

[205] 杨丽琛，杨晓光. 转基因食品中标记基因的生物安全性研究进展及对策 [J]. 卫生研究，2003，32（3）：239 - 245.

[206] MURASHIGE T，BITTERS W P，RANGAN T S，et al. A technique of shoot apex grafting and its utilization towards recovering virus -

free Citrus clones [J]. Hort Sci, 1972, 7: 118 - 119.

[207] HUANG S C, MILLIKAN D F. In vitro micrografting of apple shoot [J]. Hort Sci, 1980, 15: 741 - 743.

[208] CANTOS M, ALES G, RRONCOSO A. Morphological and anatomical aspects of a cleft miro - grafting of grape explants in vitro [J]. Acta horticulturae, 1995, 388: 135 - 139.

[209] EDNA T, SHIAMOVITZ N, SPIEGEL - ROY P. Rapidly diagnosing grapevine corkybard by in vitro micrografting [J]. Hort Sci, 1993, 28: 667 - 668.

[210] ABOUSALIM A, MANTELL S H. Micrografting of pistachio (*Postachia vera* L. Mateur) [J]. Plant cell tissue and organ culture, 1992, 29: 231 - 234.

[211] KE S, CAL Q, SKIRVIN R M. Micrografting speeds growth and fruiting of protoplast - derived clones of kiwifruit (*Actinida delicosa*) [J]. Hort Sci, 1995, 68: 837 - 840.

[212] SHANTHA M, RAMANYAKE D S D, KOVOOR A. In vitro micrografting of cashew (*Anacardium occidentale* L.) [J]. Hort Sci Biotech, 1999, 74: 265 - 268.

[213] PALMA B, VOGT G, NEVILLE P A. Combined in vitro in vivo method for improved grafting of *Acacia senegal* (L.) wild [J]. Hort Sci, 1996, 71: 379 - 381.

[214] 程玉琴, 韩振海, 许雪峰, 等. 试管微嫁接早期鉴定小金海棠与苹果品种的亲和性 [J]. 农业生物技术学报, 2003, 11 (5): 472 - 476.

[215] 李嘉瑞. A study of micrografting of apple shoot tips in vitro [J]. 西北农学院学报, 1982, 3: 1 - 5.

[216] JONARD R, HUGARD J, MACHEIX J J, et al. In vitro micrografting and it applicaltions to fruit science [J]. Horticulturae, 1983, 20: 147 - 159.

[217] 程玉琴, 韩振海, 许雪峰, 等. 小金海棠高效脱毒检测体系的探讨 [J]. 园艺学报, 2003, 30 (6): 707 - 708.

[218] DALEY M, KNAUF V C, SUMMERFELT K R, et al. Co - transformation with one *Agrobacterium tumefaciens* strain containing two binary plasmids as a method for producing marker - free transgenic

plants [J]. Plant Cell Rep，1998，17：489 – 496.

[219] 陈苇，李劲峰，董云松，等．甘蓝型油菜 *Fad2* 基因的 RNA 干扰及无筛选标记高油酸含量转基因油菜新种质的获得 [J]．植物生理与分子生物学学报，2006，32（6）：665 – 671.

[220] KOMARI T，HIEI Y，SAITO Y，et al. Vectors carrying two separate T – DNA for co – transformation of higher plants mediated by *Agrobacterium tumefaciens* and segregation of transformants free from selection marker [J]. Plant J，1996，10：165 – 174.

[221] LIU F，ZHAO Y Y，SU Y C，et al. Production of marker – free transgenic rice with *pepc* gene by *Agrobacterium* – mediated co – transformation [J]．应用与环境生物学报，2005，11（4）：393 – 398.

[222] JACOB S S，VELUTHAMBI K. Generation of selection marker – free transgenic plants by cotransformation of cointegrate vector T – DNA and a binary vector T – DNA in one *Agrobacterium tumefaciens* strain [J]. Plant Sci，2002，163：801 – 806.

[223] ZHOU H Y，CHEN S B，LI X G，et al. Generating marker – free transgenic tobacco plants by *Agrobacterium* – mediated transformation with double T – DNA binary vector [J]．植物学报，2003，45（9）：1103 – 1108.

[224] XING A，ZHANG Z，SATO A，et al. The use of the two T – DNA binary system to derive marker – free transgenic soybeans [J]. In Vitro Cell Dev Biol – Plant，2000，36：456 – 463.

[225] 张秀春，彭明，吴坤鑫，等．利用双 T – DNA 载体系统培育无选择标记转基因大豆 [J]．大豆科学，2006，25（4）：369 – 372.

[226] MILLER M，TAGLIANI L，WANG N，et al. High efficiency transgene segregation in co – transformed maize plants using an *Agrobacterium tumefaciens* 2 T – DNA binary system [J]. Trans Res，2002，11：381 – 396.

[227] XUE G P，PATEL M，JOHNSON J S，et al. Selectable marker – free transgenic barley producing a high level of cellulose (1，4 – β – glucanase) in developing grains [J]. Plant cell reports，2003，21：1088 – 1094.

附 录
Appendix

附表1　缩写词

缩写词	英文名称	中文名称
Amp	Ampicillin sodium salt	氨苄西林钠
BA	6 - Benzyladenine	6 -苄基腺嘌呤
bp	base pairs	碱基对
BSA	Bovine serum albumin	小牛血清白蛋白
BTEE	N - benzonyl - L - tyrosine Ethylester	N -苯甲酰- L -酪氨酸乙酯
cDNA	Complimentary DNA	互补 DNA
CpTI	Cowpea Trypsin Inhibitor	豇豆胰蛋白酶抑制剂
CTAB	Cetyltrimethy lammonium bromide	十六烷基三甲基溴化铵
CZE	Capillary zone electrophoresis	毛细管区带电泳
2, 4 - D	2, 4 - Dichlorophenoxyacetic	2, 4 -二氯苯氧乙酸
DAPI	4, 6 - Diamidino - 2 - phenylindole	4, 6 -二氨基- 2 -苯基吲哚
DEPC	Diethypyrocarbonate	焦碳酸二乙酯
dNTP	Deoxy - ribonucleoside triphosphate	脱氧核糖核苷三磷酸
DS	Dextran sulphate	硫酸葡聚糖
DTT	Dithothreitol	二硫苏糖醇

（续）

缩写词	英文名称	中文名称
EB	Ethidium bromide	溴化乙啶
EDTA	Disodium ethylenediamine tetraacetate	乙二胺四乙酸二钠
FAD	Formamide	去离子甲酰胺
FISH	Fluorescence in situ hybridization	荧光原位杂交
GA$_3$	Gibberellic acid	赤霉素
Kan	Kanamycin	卡那霉素
LAH	Lactalbumin hydrolysate	水解乳蛋白
NAA	Naphthalene – acetic acid	萘乙酸
PBS	Phosphate – buffered saline	磷酸盐缓冲液
PCR	Polymerase chain reaction	聚合酶链式反应
PI	Propidium iodide	碘化丙啶
PVP	Polyvinylpyrrolidone	聚乙烯吡咯烷酮
RNase	RNAenyme	核糖核酸酶
RT – PCR	Reverse transcription – PCR	逆转录 PCR
SDS	Solidiumdodecyl sulfate	十二烷基硫酸钠
ssDNA	Salmon sperm DNA	鲑鱼精子 DNA
TAE	Tris – acetic acid glacial – EDTA buffer	TAE 缓冲液
TE	Tris – EDTA buffer	TE 缓冲液
Tris	Tris（hydroxymethyl）aminomethane	三（羟甲基）氨基甲烷

附图1　转基因苹果苗在含50mg/L卡那霉素培养基上的生长情况

　　注：1. 转基因嘎拉；2. 非转基因嘎拉；3. 转基因富士；4. 非转基因富士；5. 转基因乔纳金；6. 非转基因乔纳金；7. 转基因王林；8. 非转基因王林。

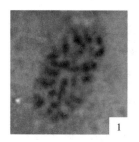 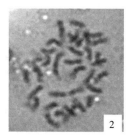

附图 2　制片技术效果比较

注：1. 常规压片法；2. 去壁低渗法。

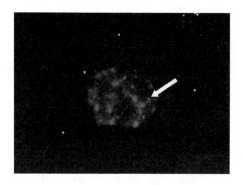

附图 3　转化株系 32 荧光原位杂交结果

注：*CpTI* 探针在细胞核上检出信号，箭头示信号。

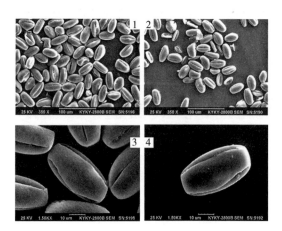

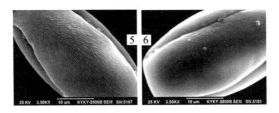

附图4　花粉扫描电镜图形

注：1、3、5，普通型嘎拉花粉；2、4、6，转基因嘎拉花粉。

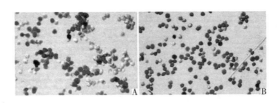

附图5　转基因嘎拉苹果4号株系（A）与

非转基因对照（B）花粉生活力观察

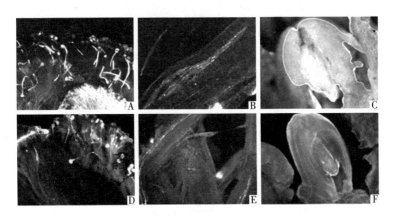

附图6　转基因嘎拉花粉经人工授粉在富士雌蕊中的萌发、生长状态

注：A至C为非转基因材料（A. 授粉4h花粉在柱头表面萌发；B. 授粉12h花粉管接近花柱基部；C. 授粉40h花粉管进入胚珠）。D至F为转基因材料（D. 授粉4h花粉在柱头表面萌发；E. 授粉16h花粉管到达花柱基部；F. 授粉48h花粉管进入胚珠）。

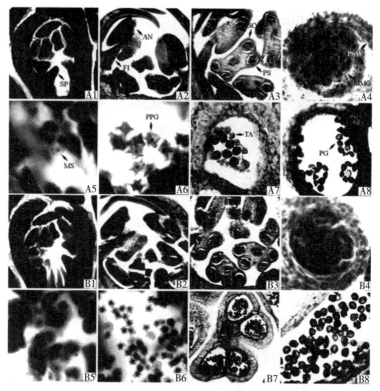

附图 7 转基因嘎拉苹果花粉形成过程的显微观察

注：A. 转基因；B. 非转基因。A1，雄蕊原基（SP）；A2，花药（AN）和花丝（FI）分化；A3，4 个花粉囊（PS）和造孢细胞（SC）发育；A4，花粉囊壁（PSW）和花粉母细胞（MMC）；A5，小孢子（MS）发育；A6，未成熟花粉粒（PPG）；A7，转基因株系花粉囊壁绒毡层（TA）延迟分解；A8、B7、B8，成熟花粉囊和花粉粒（PG）。

1

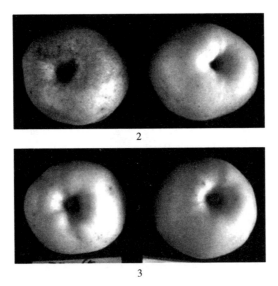

附图 8　果实比较

注：左为转基因嘎拉，右为非转基因嘎拉。

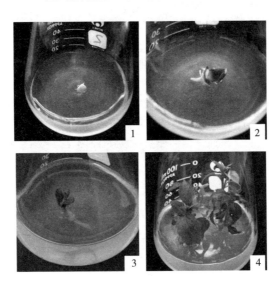

附图 9　苹果杂交种胚培养

注：1. 种胚接入培养基；2. 10d 子叶增大变绿；3. 40d 胚芽生长；4. 杂交种胚再生植株。

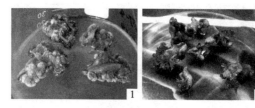

附图 10　苹果杂交后代子叶愈伤诱导及植株再生

注：1. 子叶诱导愈伤；2. 愈伤再生不定芽。

附图 11　苹果转化株系杂交后代在含 50mg/L 卡那霉素培养基上生长情况

注：左为卡那霉素敏感后代，右为卡那霉素抗性后代。

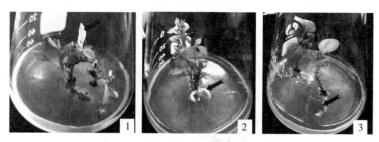

附图 12　标记基因在转基因苹果砧穗间的传导

注：1. 砧木正常，接穗白化；2. 砧木上幼叶白化，接穗正常；3. 砧木茎段白化。